高等学校电气工程与自动化专业系列教材

# 电气控制与可编程控制器应用技术

## （微课版）

孙　鹏　刘春平　李　萌 **编著**

U0378057

西安电子科技大学出版社

## 内 容 简 介

本书由上篇（电气基础篇）和下篇（控制进阶篇）两部分组成。上篇主要介绍常用低压电器的种类、工作原理以及电气控制线路等相关电气基础知识。下篇主要介绍可编程控制器的相关知识，再以菲尼克斯模块化 Axiocontrol 控制器和西门子 S7-1200 系列控制器为样机，从工程应用和教学角度出发，介绍可编程控制器技术的应用，突出实践性和应用性。

本书具有较强的理论性和实践性，结合实验设备由浅入深讲述可编程控制器的使用方法；同时具有较强的逻辑性，突出重点，条理清晰，理论与实践相结合，紧跟技术发展脚步，具有较强的实践特色。

本书可以作为高等院校自动化专业、电气与智能控制专业、电气工程专业、机电一体化专业以及其他相关专业学生的教材，也可以作为教师、科研人员和相关培训机构的参考材料，对于从事电气工程、工业自动化等领域的研发人员也具有很好的参考价值。

**图书在版编目 (CIP) 数据**

电气控制与可编程控制器应用技术：微课版 / 孙鹏，刘春平，李萌编著 . -- 西安：西安电子科技大学出版社，2024. 11. -- ISBN 978-7- 5606-7397-4

Ⅰ. TM571.2；TM571.61

中国国家版本馆 CIP 数据核字第 202467F7Q9 号

| | | |
|---|---|---|
| 策　　划 | 明政珠 | |
| 责任编辑 | 孟秋黎 | |
| 出版发行 | 西安电子科技大学出版社（西安市太白南路 2 号） | |
| 电　　话 | (029) 88202421　88201467 | 邮　编　710071 |
| 网　　址 | www.xduph.com | 电子邮箱　xdupfxb001@163.com |
| 经　　销 | 新华书店 | |
| 印刷单位 | 陕西天意印务有限责任公司 | |
| 版　　次 | 2024 年 11 月第 1 版　2024 年 11 月第 1 次印刷 | |
| 开　　本 | 787 毫米 × 1092 毫米　1/16　印 张　12.25 | |
| 字　　数 | 287 千字 | |
| 定　　价 | 43.00 元 | |

ISBN 978-7-5606-7397-4

XDUP 7698001-1

# 前　言

## PREFACE

科技水平的不断进步，以及中国制造 2025 与智能制造强国战略的提出，对自动化、电气与智能控制等相关专业的人才培养提出了更高的要求。在培养技术人才时要对人才需求进行分析研究，充分考虑教学与实践的关系，基于应用型本科教育的本质要求，着重培养学生的能力，实现为社会培养更多实用型专业人才的目的。

为了帮助学生更好地学习电气控制和可编程控制器应用的相关知识，掌握相关的理论和方法，作者结合多年的教学、科研和实践经验，精心策划，潜心创作，编著了本书。本书将理论与实践相结合，面向应用，注重动手能力。书中内容由浅入深，遵循循序渐进的原则，详细介绍了电气控制与可编程控制器相关的理论知识、应用环境和使用方法，内容丰富、条理清晰、概念准确、通俗易懂、图文并茂，具有很强的实用性和可操作性，是一本着重培养学生理实一体能力的教材。

全书共 8 章，分为上篇（电气基础篇）和下篇（控制进阶篇）。上篇的主要内容包括常用低压电器和电气控制线路。下篇的主要内容包括可编程控制器概述、可编程控制器的组成和工作原理、菲尼克斯可编程控制器项目设计、菲尼克斯可编程控制器 WebHMI 设计、菲尼克斯可编程控制器 Proficloud 的设计和西门子可编程控制系统。

本书提供了实践训练内容，通过专项实践训练，让学生加深对电气控制相关知识的理解，提高电气控制知识的应用能力。本书除了介绍电气控制相关知识与可编程控制器的常用编程控制方法外，还介绍了菲尼克斯控制器 Proficloud 的设计、WebHMI 设计等内容，拓展了传统 PLC 控制技术的应用领域，为控制理论与工程在实践中的应用与发展提供了参考，对相关从业人员具有一定的参考价值。

本书得到了天津中德应用技术大学智能制造学院各位领导以及教务处的大力支持，也得到了赵相宾教授、刘春平教授、范其明副教授以及众多教师的鼎力帮助。此外，本书得到了菲尼克斯电气中国公司的支持，还得到了李嘉琦、蔡洪旭、陈培硕、赵政宇、张慧中、王昱航、杨林、赵一鸣、秦政、李晓东同学的协助，在此一并表示衷心的感谢！

由于作者水平有限且时间仓促，虽然付出了大量的时间和工作，但是书中不当之处在所难免，欢迎广大读者批评指正。

作　者

2024 年 4 月

# 目　录
CONTENTS

# 上篇　电气基础篇

# 第 1 章

# 常用低压电器

常用低压电器主要用于电能的产生、输送、分配和控制。在电气控制系统中，低压电器主要包括低压隔离电器、主令电器、熔断器、接触器、继电器等。通过本章的学习，读者可以掌握相关器件的主要用途和典型应用。

## 1.1　低压隔离电器

通过对电路进行接通、分断来实现对电路或非电对象的切换、控制、保护、检测、变换和调节的电气元件统称为电器。电器就是一种能控制电的工具。"开"和"关"是电器最基本、最典型的功能。

电气是以电能、电气设备和电气技术为手段来创造、维持与改善限定空间和环境的一门科学。

低压电器是指额定电压交流不高于 1200 V、直流不高于 1500 V 的在电路中起通断、控制、保护、检测和调节作用的电气设备。低压电器主要用于电能的产生、输送、分配和控制，它被广泛地应用于工业电气控制和建筑电气控制系统中，是实现继电逻辑控制的主要核心元件。

低压隔离电器是低压电器中结构比较简单、应用广泛的一类手动电器，主要有隔离开关、低压断路器、漏电保护器、组合开关等。

### 1.1.1　隔离开关

#### 1. 隔离开关的功能及电路符号

隔离开关用于隔离用电设备和电源，通过隔离开关可以用手动方式来接通和关断电路，为设备接通和关断电源。最常见的隔离开关为刀开关，因其可动接触部分为刀形而得名。图 1-1 所示为隔离开关实物。

一些刀开关含有熔断器，熔断器串联于电路中对电路进行短路保护，在产生过电流时直接切断电路，这种刀开关称为刀熔开关。还有一些刀开关不含有熔断器，开关的通断需要通过操作人员手动控制。图 1-2 所示为刀开关的电气图形及文字符号。

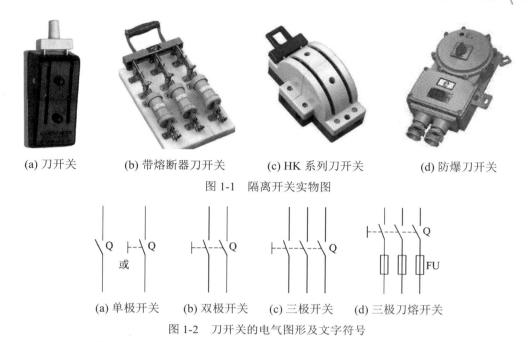

(a) 刀开关　　(b) 带熔断器刀开关　　(c) HK 系列刀开关　　(d) 防爆刀开关

图 1-1　隔离开关实物图

(a) 单极开关　　(b) 双极开关　　(c) 三极开关　　(d) 三极刀熔开关

图 1-2　刀开关的电气图形及文字符号

### 2. 隔离开关的主要技术参数

隔离开关的主要技术参数有以下几种。

(1) 额定电压：在规定条件下，刀开关长期工作所能承受的最大电压。

(2) 额定电流：在规定条件下，刀开关在合闸位置允许长期通过的最大工作电流。

(3) 通断能力：在规定条件下，刀开关在额定电压时能接通和分断电路的最大电流值。

(4) 刀开关电寿命：在规定条件下，刀开关不经维修或更换零件的额定负载操作循环次数。

(5) 动稳定电流：动稳定电流又称额定峰值耐受电流，是指断路器在合闸位置所能耐受的额定短时耐受电流第一个大半波的峰值电流，等于额定短时关合电流。

### 3. 隔离开关的选用

在选用电器时，需要兼顾安全性、经济性和实用性。隔离开关的选用应该符合使用场景，根据用电设备的额定电压、额定电流、动稳定电流等参数来选择。额定电流的标准值应不小于最大负载电流的 150%，其动稳定电流应大于回路最大短路电流的峰值。从安全的角度考虑，应尽量选择密封开关。

隔离开关在使用过程中一般不带负荷，装有灭弧装置的隔离开关可以控制一定方位内的负荷线路。因隔离开关的负荷能力小，所以一般不单独使用，需要与能切断负荷电流和故障电流的电器一起使用，如断路器、熔断器。操作时应遵循"送电先上后下，断电先下后上"的原则，即在送电时，先闭合上方的隔离开关，然后闭合下方的断路器；断电时，先断开断路器，再断开隔离开关。

## 1.1.2　低压断路器

### 1. 低压断路器的结构

低压断路器又称自动空气开关或自动开关，主要由触点、灭弧系统、保护装置、操作机构等组成。低压断路器的实物如图 1-3 所示。

低压断路器相当于刀开关、熔断器、热继电器、过电流继电器和欠电压继电器的组合，是一种既有手动开关作用又能自动进行欠压、失压、过载和短路保护的电器。它对线路、电器设备及电动机实行保护，是低压配电网中一种重要的保护电器。

图 1-3　低压断路器实物图

低压断路器的电气图形及文字符号如图 1-4 所示。

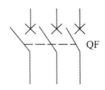

图 1-4　低压断路器的电气图形及文字符号

2. 工作原理

低压断路器的结构及原理如图 1-5 所示。

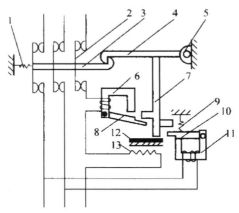

1、9—弹簧；2—主触点；3—锁键；4—搭钩；5—轴；6—过电流脱扣器；7—杠杆；

8、10—衔铁；11—欠电压脱扣器；12—双金属片；13—电阻丝。

图 1-5　低压断路器的结构及原理示意图

图 1-5 中主触点 2 有三对，串联在三相主电路中。低压断路器的主触点是靠手动操作或电动合闸的，用手扳动按钮到接通位置，这时主触点 2 由锁键 3 保持在闭合状态，主触点闭合后，自由脱扣机构将主触点锁在接通位置上。锁键 3 由搭钩 4 支持着。要使开关断开，则扳动按钮到断开位置，搭钩 4 被杠杆 7 顶开，搭钩 4 可绕轴 5 向上转动，主触点 2 就被弹簧 1 拉开。

### 3. 低压断路器的主要参数

低压断路器的主要参数有以下几个。

(1) 额定电压：低压断路器长期工作所允许施加的电压。

(2) 额定电流：脱扣器允许长期通过的电流。

(3) 通断能力：采用额定极限短路分断能力和额定运行短路分断能力，实际应用中以后者为准。

### 4. 低压断路器的选择

断路器应根据使用场合、额定电流的大小和保护要求来选择。断路器有万能式、塑料外壳式和限流式，直流电路则选用直流快速断路器。断路器的额定电压和额定电流应不小于线路正常的工作电压和工作电流。

(1) 万能式断路器：主要用于配电网络的保护。

(2) 塑料外壳式断路器：主要用于配电网络的保护和电动机、照明电路及电热器等的控制开关。

(3) 直流快速断路器：主要用于半导体整流元件和整流装置的保护。

(4) 限流式断路器：用于短路电流相当大的电路中。

低压断路器的选型应遵循以下条件：

(1) 断路器的额定电压和额定电流应大于或等于线路、设备的正常工作电压和工作电流。

(2) 断路器的极限通断能力应大于或等于电路的最大短路电流。

(3) 欠电压脱扣器的额定电压应等于线路的额定电压。

(4) 过电流脱扣器的额定电流应大于或等于线路的最大负载电流。

## 1.1.3　漏电保护器

漏电保护器的作用是当电网发生设备漏电甚至人身触电时迅速自动切断电源，避免人身事故及火灾的发生。

漏电保护器可根据检测信号的不同分为电压型和电流型。电压型漏电保护器存在可靠性差等缺点，已被淘汰，目前主要使用电流型漏电保护器。

电流型漏电保护器主要由以下三部分组成：

(1) 检测漏电流大小的零序电流互感器；

(2) 将检测到的漏电流与一个设定基准值相比较，能判断是否动作的漏电脱扣器；

(3) 受漏电脱扣器控制的能通、断被保护电路的开关装置。

几种漏电保护器的实物如图 1-6 所示。

图 1-6　漏电保护器实物图

### 1.1.4　组合开关

组合开关实际上是一种转换开关，可实现多组触点组合，通过手动操作用于不频繁接通或断开的主电路，用于三相异步电动机非频繁正、反转的控制。

组合开关的外形及结构如图 1-7 所示。

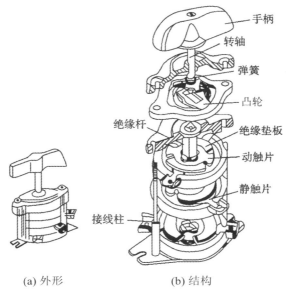

手柄
转轴
弹簧
凸轮
绝缘杆
绝缘垫板
动触片
静触片
接线柱

(a) 外形　　　　　　(b) 结构

图 1-7　组合开关的外形及结构

组合开关的电气图形及文字符号如图 1-8 所示。组合开关的实物如图 1-9 所示。

QS　　　QS

图 1-8　组合开关的电气图形及　　　　　图 1-9　组合开关的实物图
　　　　文字符号

## 1.2　主令电器

主令电器用于控制电路中，是通过工作人员手动操作主动发出通断控制命令信号使主电路接通或断开的电器，如转换开关、行程开关、按钮等。

### 1.2.1　按钮

按钮是最常用的主令电器，是用来接通或断开控制电路，发布命令或信号，改变控制系统工作状况的电器。

按钮由按钮帽、复位弹簧、桥式动静触点和外壳等组成。按钮一般为复合式，即同时具有常开、常闭触点。按下按钮时常闭触点先断开，然后常开触点闭合。去掉外力后在恢复弹簧的作用下，常开触点断开，常闭触点复位。如图 1-10 所示，在电气控制线路中，通过手动按下按钮压缩复位弹簧，使其内部的常闭触点断开，常开触点闭合，使电路接通或断开；停止按动按钮，弹簧弹力恢复为原始状态。

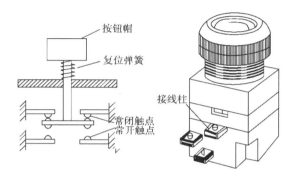

图 1-10 控制按钮的结构及外形图

按钮的电气图形及文字符号如图 1-11 所示，复合按钮兼有常开触点和常闭触点。

(a) 常开触点按钮　　(b) 常闭触点按钮　　(c) 复合按钮

图 1-11 按钮的电气图形及文字符号

### 1.2.2 转换开关

转换开关是一种手动操作的多挡位、多触点、进行多回路控制的主令电器，主要用于电器控制线路的状态转换、线路切换、远距离控制及电压和电流测量表显示的换相等。因其能够对多数量电路的开关状态进行转换控制，所以也称其为万能开关。

转换开关的实物图及电气图形和文字符号如图 1-12 所示。将转换开关的手柄转到不同的挡位，转轴带动凸轮随之转动，使一些触点接通，另一些触点断开。转换开关的触点位置状态表如表 1-1 所示。

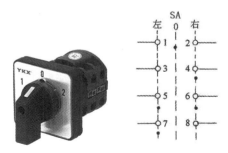

图 1-12 转换开关的实物图及电气图形和文字符号

表 1-1　转换开关的触点位置状态表

| 触　点 | 位　　置 | | |
|---|---|---|---|
| | 左 | 0 | 右 |
| 1-2 | | × | |
| 3-4 | | | × |
| 5-6 | × | | × |
| 7-8 | × | | |

(1) 当转换开关在零位时，1-2 触点闭合。

(2) 当转换开关往左旋转时，5-6、7-8 触点闭合。

(3) 当转换开关往右旋转时，3-4、5-6 触点闭合。

与按钮相比，转换开关的控制状态较多，可以是左右两位、左中右三位和左右都在两位以上，触点的控制能力强，体积较大。

### 1.2.3　行程开关

行程开关又称限位开关或位置开关，它是一种利用生产机械某些运动部件的撞击来发出控制信号的小电流主令电器。它能将机械位移转变为电信号，以控制机械运动。图 1-13 所示为行程开关的实物。行程开关按照有无触点结构可分为有触点行程开关和无触点行程开关。

图 1-13　行程开关的实物图

1. 有触点行程开关

行程开关有动合触点和动断触点，由装在运动部件上的挡块来撞动。当运动部件到达一定的行程位置时，其上的挡块撞动行程开关，使常开触点闭合、常闭触点断开。行程开关的图形及文字符号如图 1-14 所示。

2. 无触点行程开关

有触点行程开关的可靠性差、使用寿命短、操作频

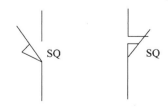

(a) 常开触头　　(b) 常闭触头

图 1-14　行程开关的图形及文字符号

率低。随着电子技术的发展，出现了多种无触点的行程开关，包括接近开关和光电开关。

1) 接近开关

图 1-15 所示为接近开关实物，接近开关又称无触点接近开关，是理想的电子开关量传感器，是一种无须与运动部件进行机械直接接触而操作的位置开关。接近开关具有动作可靠、性能稳定、频率响应快、应用寿命长和抗干扰能力强等特点。图 1-16 所示为接近开关的电气图形及文字符号。

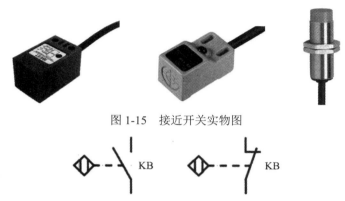

图 1-15　接近开关实物图

图 1-16　接近开关的电气图形及文字符号

接近开关可分为电感式和电容式。电感式接近开关能检测出进入开关感应区的金属物体；电容式接近开关能检测出开关感应区内的金属、非金属和流体。

2) 光电开关

光电开关是一种新型的开关，利用红外线进行测量，实现非接触无损检测，可用于检测固体、液体、烟雾气体、透明体等一般可见物体。它具有体积小、功能多、寿命长、精度高、响应速度快、检测距离远以及抗光、电、磁干扰能力强的优点。光电开关实物如图 1-17 所示。

图 1-17　光电开关实物图

光电开关又称为光电感测器，由发射器、接收器和检测电路三部分组成。光电开关的电气图形及文字符号如图 1-18 所示。开关工作时，发射器发出红外线脉冲光，检测到物体进入工作范围后，反射回来的红外光通过接收电路转换为电脉冲信号。光电开关和接近开关的区别在于检测物体的方式：光电开关的发射管发出经调制的光，接收管检测是否接收到这种光来判断是否有物体；而接近开关靠其头部检测头的感应来判断物体的存在。

图 1-18    光电开关的电气图形及文字符号

## 1.3    熔  断  器

为了避免用电设备及电路因短路或过载引发事故，通常采用熔断器对电路进行保护。熔断器是一种简单有效的保护电器，又称保险丝，在配电线路中主要用于短路保护和严重过电流时的保护。它的优点是结构简单、体积小、工作可靠、价格低廉、重量轻等，广泛地应用在强电、弱电系统中。

1. 熔断器的工作原理及保护特性

熔断器主要由熔体和安装熔体的绝缘管或绝缘座组成。熔体由易熔的金属材料制成丝状、带状、片状和网状。为了便于在电气柜内接线和安装，需要配置熔座。当熔断器串入电路时，负载电流流过熔体。当电路正常工作时，发热温度低于熔化温度，故长期不熔断。当电路发生过载或短路故障时，电流大于熔体允许的正常发热电流，熔体温度急剧上升，超过其熔点时熔体被瞬时熔断而分断电路，起到保护电路和设备的作用。在保护特性中，有一个熔体熔断与不熔断的分界线电流值 $I_{min}$，此电流为最小熔化电流，当通过熔体的电流大于或等于该值时，熔体熔断。在保护特性中，$I_N$ 为熔断器的额定电流，流过熔断器的电流不大于该值时，熔断器不会熔断。熔断器的保护特性如图 1-19 所示，熔断器的电气图形及文字符号如图 1-20 所示。

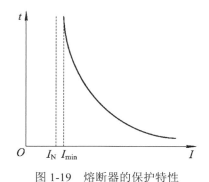

图 1-19    熔断器的保护特性

图 1-20    熔断器的电气图形及文字符号

2. 熔断器的主要技术参数及分类

(1) 额定电压：熔断器长期工作时能承受的电压，一般等于或大于被保护对象的额定电压。

(2) 额定电流：熔断器能长期通过的电流，它决定于电路熔断器各部分长期工作时的允许温升。

(3) 极限分断能力：熔断器在故障条件下能可靠地分断的最大短路电流，这是熔断器主要的安全技术指标。

熔断器按照结构形式的不同，一般可分为以下几种。

(1) 插入式熔断器。如图 1-21 所示，它常用于 380 V 及以下电压等级的线路末端，用于配电支线或电气设备的短路保护。

图 1-21　插入式熔断器实物图

(2) 螺旋式熔断器。如图 1-22 所示，熔体的上端盖有一熔断指示器，一旦熔体熔断，指示器马上弹出，可透过瓷帽上的玻璃孔观察到，它常用于机床电气控制设备中。螺旋式熔断器的分断电流较大，可用于电压等级 500 V 及其以下、电流等级 200 A 以下的电路中，用于短路保护。

图 1-22　螺旋式熔断器实物图

(3) 封闭式熔断器。如图 1-23 所示，封闭式熔断器分为有填料熔断器和无填料熔断器两种，有填料熔断器一般用方形瓷管，内装石英砂及熔体，分断能力强，用于电压等级 500 V 以下、电流等级 1 kA 以下的电路中。无填料密闭式熔断器将熔体装入密闭式圆筒中，分断能力稍小，用于 500 V 以下、600 A 以下的电力网或配电设备中。

图 1-23　封闭式熔断器实物图

### 3. 熔断器的选择

熔断器类型的选择：类型要根据电气线路的要求、使用场合和安装条件来确定。

熔断器额定电压的选择：额定电压要大于或等于线路的工作电压。

熔断器额定电流的选择：额定电流必须大于或等于所装熔体的额定电流。

熔体额定电流的选择如下：

(1) 对于民用电阻性负载的短路保护，熔体的额定电流等于或稍大于电路的工作电流即可。

(2) 在配电系统中，要采用多级熔断器保护，后级熔体的额定电流要比前级熔体的额定电流至少大一个等级。

(3) 保护单台电动机时，熔断器额定电流的选择为熔体的额定电流≥(1.5～2.5)倍电动机的额定电流。轻载系数可取 1.5，重载系数可取 2.5。

## 1.4　接　触　器

前面介绍的隔离开关、熔断器等电器靠人工手动操作，因此不可频繁操作，通断频率低。但在很多场合，需要动作变化快(如驱动电机状态频繁切换，需要远距离控制的机械)，人工操作难以满足需求。因此可以让操作人员远离主电路，通过操作电压较低、绝缘较好的主令电器，利用电磁式来操作主电路，方便且安全。电磁式电器有接触器和继电器两种。

交流接触器工作原理

### 1. 电磁式电器的组成和工作原理

电磁式电器主要由电磁机构、触点、灭弧装置三部分组成。

#### 1) 电磁机构

电磁机构采用交流电磁机构，由磁路和励磁线圈两部分组成，磁路由铁芯、衔铁、空气隙部分组成，当线圈通电后，衔铁在电磁吸力的作用下克服复位弹簧的反力与铁芯吸合，带动触头动作，从而接通或断开相应电路。

#### 2) 触点

触点即触头，是接通和断开电路的接触点。接触器的触点可分为主触点和辅助触点两种。主触点用来控制通断电流较大的主电路，由三对常开触点组成；辅助触点用来控制通断小电流的控制电路，由常开和常闭触点成对组成。

#### 3) 灭弧装置

灭弧装置用以消除动、静触点在分合过程中产生的电弧。常用的灭弧装置有多断点灭弧、磁吹灭弧和栅片灭弧三种。容量在 10 A 以上的接触器都有灭弧装置。多断点灭弧的触点采用桥形触点，断开电路时两部分同时承担电路压降，因而产生的电弧较小；磁吹灭弧为在电磁场的作用下电弧被拉长，使其进入冷却装置尽快冷却而迅速熄灭；栅片灭弧由一组彼此绝缘的薄钢片组成一组灭弧栅，产生电弧后周围可产生磁场，电磁力的作用将电弧吸入栅片，分隔为多个串联的短电弧，交流电压过零时电弧自然熄灭。

### 2. 电磁式电器的结构

电磁式电器的结构如图 1-24 所示。电磁线圈通电后产生电磁吸力，衔铁压缩缓冲弹簧铁芯接触，带动动触点向下运动，使动触点与静触点接触，电路导通。线圈断电后，在缓冲弹簧的作用下衔铁释放，动、静触点分离，断开电路。

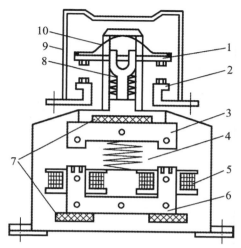

1—动触点；2—静触点；3—衔铁；4—缓冲弹簧；5—电磁线圈；
6—静铁芯；7—垫毡；8—触点弹簧；9—灭弧罩；10—触点压力弹簧

图 1-24　电磁式电器的结构

### 3. 接触器及其符号

　　接触器是一种典型的电磁式电器，分为交流接触器和直流接触器两大类，分别用于交流和直流主电路的通断控制，可以实现频繁的远距离操作，具有比工作电流大数倍的接通和分断能力。接触器最主要的用途还是控制电动机的启动、正反转、制动和调速等，因此它是电力拖动控制系统中最常用的控制电器。图 1-25 所示为交流接触器的实物。图 1-26 为接触器的电气图形及文字符号。

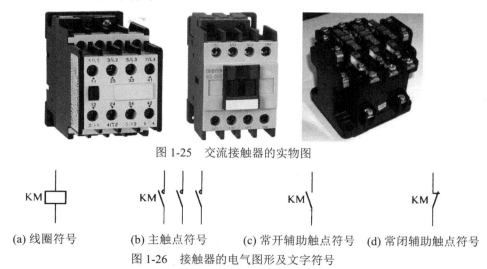

图 1-25　交流接触器的实物图

(a) 线圈符号　　(b) 主触点符号　　(c) 常开辅助触点符号　　(d) 常闭辅助触点符号

图 1-26　接触器的电气图形及文字符号

### 4. 接触器的主要技术参数

　　(1) 额定电压：指主触点之间正常工作的电压值，也就是主触点所在电路的电源电压。交流接触器的额定电压有 127 V、220 V、380 V、500 V、660 V。

　　(2) 额定电流：指主触点正常工作的电流值。交流接触器的额定电流有 10 A、20 A、

40 A、60 A、100 A、150 A、250 A、400 A、600 A。

(3) 额定通断能力：指接触器主触点在规定条件下能可靠地接通和分断的电流值。在此电流值下接通电路时主触点不应发生熔焊，分断电路时主触点不应发生长时间燃弧。电路中超出此电流值的分断任务由熔断器、断路器等保护电器承担。

(4) 线圈额定电压：指接触器电磁吸引线圈正常工作的电压值。常用接触器交流线圈的额定电压等级有 127 V、220 V、380 V。

(5) 允许操作频率：指接触器在每小时内可实现的最高操作次数。交、直流接触器额定操作频率有 600 次 /h、1200 次 /h。

(6) 机械寿命和电气寿命：机械寿命是指接触器在需要修理更换机构零件前所能承受的无载操作次数。电气寿命是指在规定的正常工作条件下，接触器不需修理或更换的有载操作次数。

接触器的品牌很多，国产型号有 CJ10、CJ12、CJ15、CJ16、CJ20、CJ24、CJX1、CJX2、CJZ、CKJ、CJX1-N 等系列产品，国际品牌有 ABB、施耐德、西门子。

下面是国产型号 CJ20 系列接触器的型号的意义：

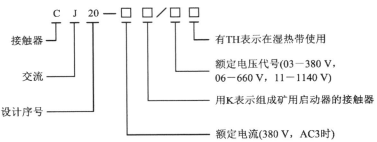

CJ20 系列交流接触器 ( 以下简称接触器 ) 符合 GB/T14048.4《低压开关设备和控制设备低压机电式接触器和电动机启动器》标准，且等级采用国际标准 IEC60947-4-1。接触器主要用于交流 50 Hz/60 Hz、额定电压 690 V、额定电流 630 A 的电力线路中，作为频繁接通和分断电路及控制交流电动机用，并适宜与适当的热继电器或电子式保护装置组合成电动机起动器，以保护可能发生过载的电路。

5. 电流接触器

在使用直流电的用电设备中，控制直流电路通断采用直流接触器。直流电只有正、负两极，因此接触器主触点数量为一对或两对，主要用来远距离接通和分断电压至 440 V、电流至 630 A 的直流电路，以及频繁地控制直流电动机的起动、反转与制动等。图 1-27 所示为直流接触器的实物。

图 1-27　直流接触器的实物图

国产直流接触器的型号有 CZ0、CZ5、CZ18、TCC 等系列。下面为 CZ18 系列的型号的意义：

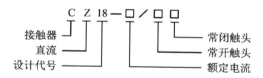

接触器
直流
设计代号

CZ18—□／□□

额定电流
常开触头
常闭触头

## 1.5 继 电 器

继电器是一种电控制器件，是当输入量（激励量）的变化达到规定要求时，在电气输出电路中使被控量发生预定的阶跃变化的一种电器。利用各种物理量的变化，将电量或非电量信号转化为电磁力或使输出状态发生阶跃变化，从而通过其触点或突变量促使在同一电路或另一电路中的其他器件或装置动作的控制元件。继电器用于各种控制电路中进行信号的传递、放大、转换、联锁等，控制主电路和辅助电路中的器件或设备按预定的动作程序进行工作，从而实现自动控制和保护的目的。

常用继电器按输入信号分为温度（热）继电器、电压继电器、电流继电器、中间继电器、时间继电器、速度继电器、压力继电器等，按动作原理分为电磁式继电器、磁电式继电器、感应式继电器、电动式继电器、光电式继电器、压电式继电器、热继电器与时间继电器等。

### 1.5.1 电磁式继电器

#### 1. 工作原理

电磁式继电器的典型结构如图 1-28 所示，一般由铁芯、电磁线圈、衔铁、反力弹簧等组成。

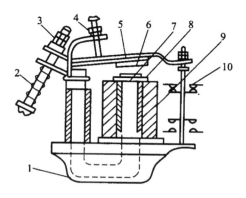

1—底座；2—反力弹簧；3、4—调节螺钉；5—非磁性垫片；
6—衔铁；7—铁芯；8—极片；9—电磁线圈；10—触点

图 1-28　电磁式继电器的典型结构图

　　只要在线圈两端加上一定的电压，线圈中就会流过一定的电流，从而产生电磁效应，衔铁就会在电磁力吸引的作用下克服返回弹簧的拉力吸向铁芯，从而带动衔铁的动触点与静触点（常开触点）吸合。

　　当线圈断电后，电磁的吸力也会随之消失，衔铁就会在弹簧的反作用力下返回原来的位置，使动触点与原来的静触点（常闭触点）释放。这样的吸合、释放达到了在电路中导通和切断的目的。

　　图 1-29 所示为电磁式继电器的电气图形及文字符号。

(a) 线圈　　　　　(b) 常开触点　　　　　(c) 常闭触点

图 1-29　电磁式继电器的电气图形及文字符号

### 2. 电压继电器

　　电压继电器根据线圈两端电压的大小进行动作，用于电路的电压保护。如图 1-30 所示，电压继电器的线圈匝数多而线径细，阻抗大，使用时电压继电器的线圈与负载并联，电压继电器反映的是电压信号。电压继电器有欠电压继电器、过电压继电器和零电压继电器三种。欠电压继电器是当电压降至某一规定范围时动作的电压继电器；过电压继器是当电压大于其整定值时动作的电压继电器，主要用于对电路或设备作过电压保护；零电压继电器是欠电压继电器的一种特殊形式，当继电器的端电压降至 0 或接近消失时才动作的电压继电器。图 1-31 所示为电压继电器的电气图形及文字符号。

图 1-30　电压继电器的实物图

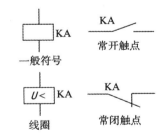

图 1-31　电压继电器的电气图形及文字符号

### 3. 电流继电器

　　电流继电器反映的是电流信号。其特点是线圈匝数少而线径粗、阻抗小、分压小，不影响电路正常工作。常用的有欠电流继电器和过电流继电器两种。使用时，电流继电器的线圈应串联在被保护的设备中。电流继电器的实物如图 1-32 所示，其电气图形及文字符号如图 1-33 所示。

过电流继电器为当继电器中的电流超过预定值时，引起开关电器有延时或无延时动作的继电器。主要用于频繁起动和重载起动的场合，作为电动机和主电路的过载和短路保护。

欠电流继电器的工作原理为：正常工作时，继电器线圈流过负载额定电流，衔铁吸合动作；当负载电流降低至继电器释放电流时，衔铁释放，带动触点动作。

图 1-32　电流继电器的实物图

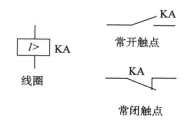

图 1-33　电流继电器的电气图形及文字符号

### 4. 中间继电器

中间继电器是一种电压继电器，触点数量较多，容量较大，起增加触点数量以及信号的放大和传递的作用。其输入信号是线圈的通电和断电，输出信号是触点的动作。中间继电器与小型交流接触器基本相同，但触点没有主、辅之分，每对触点允许通过的电流大小相同，触点容量与接触器的辅助触点差不多，其额定电流一般为 5 A。

常用的中间继电器有交流 JZ7 系列，直流 JZ12 系列，交、直流两用 JZ8 系列。中间继电器的实物如图 1-34 所示，其电气图形及文字符号如图 1-35 所示。

图 1-34　中间继电器的实物图

图 1-35　中间继电器的电气图形及文字符号

## 1.5.2　时间继电器

时间继电器是一种接收信号后经过一定的延时才能输出信号，实现触点延时接通或断开的继电器，它广泛用于需要按时间顺序进行控制的电气控制线路中。时间继电器的种类很多，常用的有电磁式、空气阻尼式、电子式、电动式等。时间继电器的电气图形及文字符号如图 1-36 所示。

时间继电器有以下两种延时方式。

(1) 通电延时方式：接收输入信号后延迟一定的时间输出信号才发生变化。当输入信号消失后，输出瞬时复原。

(2) 断电延时方式：接收输入信号时瞬时产生相应的输出信号。当输入信号消失后，延迟一定的时间输出才复原。

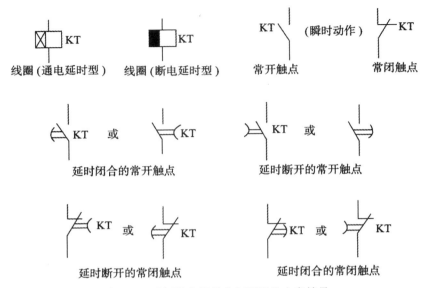

图 1-36　时间继电器的电气图形及文字符号

### 1. 直流电磁式时间继电器

如图 1-37 所示，直流电磁式时间继电器运行可靠，寿命长，允许通电次数多，结构简单，但体积和重量较大，仅适用于直流电路，延时时间较短，主要用在配电系统中。一般通电延时仅为 0.1～0.5 s，而断电延时可达 0.2～10 s。

图 1-37　直流电磁式时间继电器实物图

### 2. 空气阻尼式时间继电器

如图 1-38 所示，空气阻尼式时间继电器利用空气阻尼作用达到延时的目的，有通电延时和断电延时两种类型。它由电磁机构、延时机构和触点组成。延时范围为 0.4～180 s，且不受电压和频率波动的影响。空气阻尼式时间继电器的优点为结构简单、寿命长、价格低，缺点为延时误差大，对延时精度要求较高的场合不宜采用。

图 1-38　空气阻尼式时间继电器实物图

### 3. 电子式时间继电器

电子式时间继电器如图 1-39 所示，按其构成分为晶体管时间继电器和数字式时间继电器，按输出形式分为有触点型和无触点型。

电子式时间继电器具有体积小、延时精度高、寿命长、工作稳定可靠、安装方便、触点输出容量大和产品规格全等优点，广泛用于电力拖动、顺序控制及各种生产过程的自动控制。随着电子技术的飞速发展，电子式时间继电器将得到广泛的应用，可取代阻容式、空气式、电动机式等时间继电器。

图 1-39　电子式时间继电器实物图

## 1.5.3　热继电器

热继电器是电流通过发热元件加热使双金属片弯曲从而推动执行机构动作的电器，主要用于电动机的过载保护、断相保护、三相电流不平衡运行的保护及其他电气设备发热状态的控制。热继电器实物如图 1-40 所示。

热继电器工作原理

图 1-40　热继电器实物图

### 1. 热继电器的工作原理

热继电器由双金属片、热元件、触点系统、复位按钮、自动调整螺钉等组成。电流流经热元件时会产生热量，使由不同膨胀系数组成的双金属片发生形变，当形变达到一定距离时推动推杆动作。膨胀系数大的称为主动层，膨胀系数小的称为被动层。图 1-41 所示的双金属片，上层的膨胀系数小，下层的热膨胀系数大。当电动机过载时，通过发热元件的电流超过整定电流，双金属片受热向上弯曲脱离扣板，产生的机械力带动静触点与动触点断开。热继电器的静触点与动触点串联在控制回路中，可以断开控制回路电源，使电动机的主电路断电，实现过载保护功能。热继电器动作后，双金属片经过一段时间冷却，按下复位按钮即可复位。

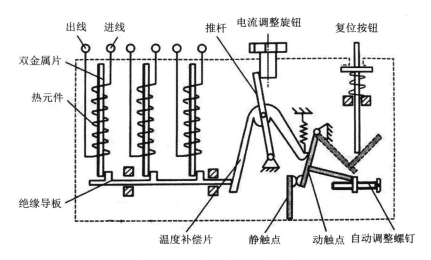

图 1-41    热继电器动作原理图

电动机绕组的发热特性如图 1-42 中的曲线 1 所示，也称为电动机的过载特性，具有分散性，表示电流值越大，绕组耐受时间越短。为了不使电动机过载而烧坏，可利用曲线 2 的热继电器保护特性实现过载保护，曲线与电动机过载特性形状相似且位于左侧。一旦电动机过载，则热继电器迅速动作切断电源，从而保护电机。

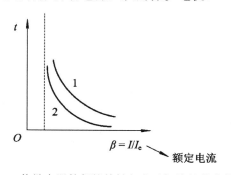

图 1-42    热继电器的保护特性与电动机绕组的发热特性

### 2. 热继电器的主要技术参数

(1) 额定电压：热继电器能够正常工作的最高电压值，一般为交流 220 V、380 V、600 V。

(2) 额定电流：主要是指通过热继电器的电流。

(3) 额定频率：一般而言，其额定频率按照 45～62 Hz 设计。

(4) 整定电流范围：整定电流的范围由本身的特性来决定。它描述的是在一定的电流条件下热继电器的动作时间和电流的平方成反比。

### 3. 热继电器的选用

**1) 类型选择**

一般情况下，可选用两相结构的热继电器，但当三相电压的均衡性较差、工作环境恶劣或无人看管电动机时，宜选用三相结构的热继电器。对于三角形接线的电动机，应选用带断相保护装置的热继电器。

**2) 额定电流选择**

热继电器的额定电流应大于电动机的额定电流，然后根据该额定电流来选择热继电器的型号。

**3) 热元件额定电流的选择和整定**

热元件的额定电流应略大于电动机的额定电流。当电动机启动电流为其额定电流的 6 倍及启动时间不超过 5 s 时，热元件的整定电流调节到等于电动机的额定电流；当电动机的启动时间较长、拖动冲击性负载或不允许停车时，热元件整定电流调节到电动机额定电流的 1.1～1.15 倍。

## 1.5.4　信号继电器

### 1. 速度继电器

速度继电器是根据速度的快慢使触点动作的继电器，依靠速度大小为信号与接触器配合，实现对电动机的反接制动，又叫反接制动继电器，主要用于三相鼠笼式异步电动机。速度继电器的实物如图 1-43 所示，速度继电器的轴与电动机的轴连接在一起，轴上有圆柱形永久磁铁，永久磁铁的外边有嵌着鼠笼式绕组可以转动一定角度的外环。速度继电器的电气图形及文字符号如图 1-44 所示。

图 1-43　速度继电器的实物图

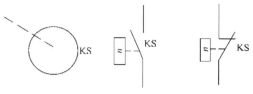

(a) 转子　　　　(b) 常开触点　　　(c) 常闭触点

图 1-44　速度继电器的电气图形及文字符号

图 1-45 所示为速度继电器的工作原理。速度继电器由定子、转子和触点三部分构成。转子为一个圆柱形永磁铁，定子是笼型空心圆环，由硅钢片叠压而成。转子轴与电动机的轴相连，当电动机转动时，转子随之转动，形成一个旋转磁场，定子切割磁力线产生感应电势，在定子中产生电流，进而产生力矩，使定子跟随转子转动一定角度，转子转速越大，定子偏移角度越大。当转子达到一定转速值时，摆锤推动触点动作，使弹簧与静触点接通。

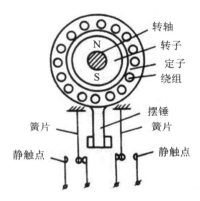

图 1-45　速度继电器的工作原理图

## 2. 温度继电器

温度继电器的实物如图 1-46 所示，温度继电器需与热敏电阻器配合使用。热敏电阻器的实物如图 1-47 所示，热敏电阻器用于测量温度，具有体积小、质量轻、性能可靠的优点。热敏电阻器有正温度系数，当温度低于继电器的工作温度时，热敏电阻阻值很小，继电器吸合；当温度达到或超过继电器的工作温度时，热敏电阻阻值骤然增大，使触发器翻转，继电器释放；当温度降低后，触发器恢复至原态。

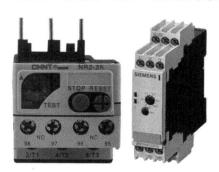

图 1-46　温度继电器的实物图

图 1-47　热敏电阻器的实物图

　　还有另外一种温度控制电器叫作温控开关，也称为温度保护器或温度控制器。温控开关是指根据工作环境的温度变化在开关内部发生物理形变，从而产生某些特殊效应，产生导通或者断开动作的一系列自动控制元件。温控开关和温度继电器的功能和作用不同。

　　温控开关的实物如图 1-48 所示，温控开关根据被控对象温度的高低决定开关的通断状态。主要用于随温度变化而自动接通和断开电路的场合，如电动机、变压器、家用电器、制冷和加热设备中。

　　双金属片温控开关的工作原理与热继电器类似。金属有热胀冷缩的特性，随着温度的变化变形不同，当温度没达到动作温度时，温控开关触点为正常状态；当温度变化时，金属片产生形变而发生弯曲，触点动作；当温度恢复原值时，触点恢复至正常状态。

图 1-48　温控开关的实物图

# 课 后 习 题

一、填空

　　1. 低压电器是指额定电压交流 _____ 及以下、直流 _____ 及以下，在电路中起通断、控制、保护、检测和调节作用的电气设备。

　　2. 低压电器以电压类型划分可分为 _____ 和 _____。

　　3. 电磁式电器主要由三部分组成：_____、_____、_____。

二、问答题

　　1. 低压电器的主要分类有哪些？它的主要用途是什么？

　　2. 熔断器和过电流继电器的区别是什么？在电路保护中各起什么作用？

　　3. 熔断器的选型原则是什么？

# 第 2 章

# 电气控制线路

电气控制系统由电气元件按照一定要求连接而成，用图形的方式表示电气控制系统中的元件及其连接关系，表达电气控制系统的结构、功能及工作原理，用于指导电气控制系统的安装、调试、使用及维修。

## 2.1 电气控制系统的设计原则及常用图形、文字符号

掌握电气控制系统设计技术的关键是知晓电气控制系统的设计原则，能够识读电气控制图纸，知道电气控制图纸的常用图形和文字符号的内涵，为后续的电气识图打好基础。

### 2.1.1 电气控制系统的设计原则

电气控制系统包含电气控制元件、电气保护元件、电气执行元件、电气线路、机械传动装置等，电气控制除了要遵循自身的逻辑关系外，还要满足机械对控制系统的要求，所以机械设备和电气控制系统是整机设计的重要组成部分。电气控制系统的设计原则如下。

(1) 满足机械设备对电气控制系统的要求。电气控制功能都应围绕着被控对象进行设计，同时还应适当地增加辅助功能，最大限度地保证电气控制与机械设备的协调性。

(2) 电气控制系统力求线路简单、经济、安全、可靠，能降低生产和维修成本。根据所用电器或仪表的具体情况，应采用串联或并联的连接方式，以免出现电路设计错误。然后根据环境温度情况，选择合适的电器及导电材料。

(3) 根据设备的不间断运行周期及经济条件，选择合适的品牌电器及电器规格。尽量选用市场占有率高的品牌产品，最大程度地降低运行和维护成本，提高可靠性和性价比。

(4) 合理选择电气元件和布局方案，合理设计电路中电器的位置，减少连线，消除故障隐患，为备件的采购、储备、管理、使用带来方便。

(5) 根据控制对象的情况，按照实际情况设计合适的保护电路。常用的保护功能有漏电、短路、过载、过电流、过电压、欠电压与零电压、弱磁、联锁与限位保护等。

(6) 根据操作安全的要求，控制电路要采用合适的电压等级。

## 2.1.2　电气控制线路的常用图形、文字符号

### 1. 图形符号

图形符号通常用于图样或其他文件，用以表示一个设备或概念的图形、标记或字符。电气控制系统图中的图形符号必须按国家标准绘制。

图形符号含有一般符号、符号要素和限定符号三种。

(1) 一般符号：表示一类产品和此类产品特征的一种简单的符号。

(2) 符号要素：一种具有确定意义的简单图形，必须同其他图形组合才能构成一个设备或概念的完整符号。

(3) 限定符号：用于提供附加信息的一种加在其他符号上的符号。限定符号一般不能单独使用，但它可以使图形符号更具多样性。

### 2. 文字符号

文字符号适用于电气技术领域中技术文件的编制，用以标明电气设备、装置和元器件的名称及电路的功能、状态和特征。文字符号分为基本文字符号和辅助文字符号，必要时还需添加补充文字符号。

(1) 基本文字符号：分为单字母符号与双字母符号两种。

(2) 辅助文字符号：用来表示电气设备、装置和元器件以及电路的功能、状态和特征。

(3) 补充文字符号：用于基本文字符号和辅助文字符号在使用中仍不够用需要进行补充说明的情况，但要按照国家标准中的有关原则进行。

我国电气设备的有关标准有 GB/T 24340—2009《工业机械电气图用图形符号》、GB/T 4728.2—2018《电气简图用图形符号》、GB/T 6988.1—2008《电气技术用文件的编制》。常用图形、文字符号如表 2-1 所示。

表 2-1　常用图形、文字符号

| 名　称 | 图形符号 | 文字符号 | 名　称 | 图形符号 | 文字符号 |
|---|---|---|---|---|---|
| 导线的连接 | ⊤ 或 ⊤ | — | 接地 | ⏚ | PE |
| 导线的不连接 | ┼ | — | 插座 | ⋎ | XS |
| 鼠笼型三相异步电动机 | Ⓜ 3~ | M 3~ | 电阻器 | ▭ | R |
| 绕线型三相异步电动机 | Ⓜ 3~ | M 3~ | 可变电阻器 | ▭ | Rf |
| 直流电动机 | Ⓜ | M | 滑动触头电位器 | ▭ | RP |

续表

| 名　称 | 图形符号 | 文字符号 | 名　称 | 图形符号 | 文字符号 |
|---|---|---|---|---|---|
| 单相变压器 | | T | 三相星型联结变压器 | | T |
| 单极刀开关 | | QS | 动合按钮 | | SB |
| 两级刀开关 | | QS | 动断按钮 | | SB |
| 三极刀开关 | | QS | 接触器常开触点 | | KM |
| 三相断路器 | | QF | 接触器常闭触点 | | KM |
| 过载保护继电器的热元件 | | FR | 通电延时闭合常开触点 | | KT |
| 过载保护继电器的常闭触点 | | FR | 通电延时断开常闭触点 | | KT |
| 中间继电器的常开触点 | | KA | 断电延时断开常开触点 | | KT |
| 中间继电器的常闭触点 | | KA | 断电延时闭合常闭触点 | | KT |

## 2.2　电气控制线路的图纸分类及绘制原则

电气控制线路图包含电气控制原理图、电气元件布置图、电气安装接线图三类。

### 2.2.1　电气控制原理图

电气控制原理图是由电气元件、导电部件及辅助材料组成的满足生产工艺要求的电气控制工作原理图。根据工作原理绘制，便于阅读和分析。

　　主电路是用电设备 ( 如电动机、电加热设备等 ) 的电流通路，流过的电流较大，一般由断路器、接触器主触点、变频器、软启动器、热继电器等组成。

　　辅助电路用于控制电器的动作、显示运行状态、对电路和用电设备进行保护等，流过的电流较小，包括控制电路、信号电路、保护电路、照明电路。其中，控制电路由主令电器、接触器和继电器线圈及其辅助触点、变频器和软启动器的输入输出控制端、各种保护电器的触点等组成。某机床电气控制原理如图 2-1 所示。

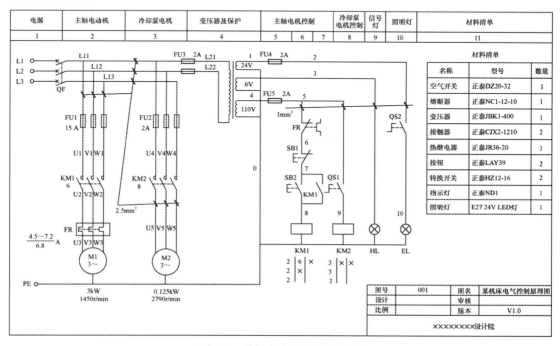

图 2-1　某机床电气控制原理图

　　电气原理图绘制应遵循以下原则。

　　(1) 电气原理图根据工作原理绘制，具有结构简单、层次分明、便于研究和分析电路的工作原理等优点。绘制时必须使用国家规定的电工图形符号和文字符号。

　　(2) 电气控制线路根据电路通过的电流大小可由主电路 ( 被控制负载所在电路 ) 和控制电路 ( 控制主电路状态 ) 两部分组成。主电路包括从电源到控制部件的电路，是强电流通过的部分，用粗线绘制在原理图的左边，各元件一般应按动作顺序从上到下、从左到右依次排列。控制电路是通过弱电流的电路，一般由按钮、电气元件的线圈、接触器的辅助触点、继电器的触点等组成，用细线条画在原理图的右边。

　　(3) 同一电气元件的不同部分 ( 如接触器的触点和线圈 ) 按功能和所接电路的不同而分别绘制在不同电路中，但必须标注相同的文字符号。

　　(4) 所有电气元件的图形符号均按没通电、无外力作用的状态绘制。控制电路的分支线路原则上按照动作先后顺序排列，两线交叉连接时的电气连接点需用黑点标出。按钮、行程开关类电器应按没有受外力作用时的状态绘制；对继电器、接触器等应按线圈没有通电时的触点状态绘制；主令电器、万能转换开关应按手柄处于零位时的状态绘制。

(5) 在绘制电气原理图时与电路无关的电气元件部件 ( 如接触器的铁芯和弹簧等 ) 在控制回路中不画出。

(6) 不同的电气图对图线、字体和比例有不同的要求，国标对电气工程图的图线、字体和比例作出了相应的规定。

(7) 图中应尽量避免线路交叉。导线连通时，对于"T"形连接点，在导线交点处可以画实心圆点，也可不画；对于"十"形交叉连接点，则必须画实心圆点"✦"表示。根据图面布置需要，可以将图形符号旋转绘制，一般垂直方向 ( 触点左开右闭 ) 变为水平方向 ( 触点下开上闭 ) 逆时针旋转 90°，反之顺时针方向旋转，但文字符号不可倒置。

### 2.2.2　电气元件布置图

电气元件布置图表示电气元器件的实际安装位置图，为电气控制柜的制作、安装、维护提供方便。某机床元件布置如图 2-2 所示。

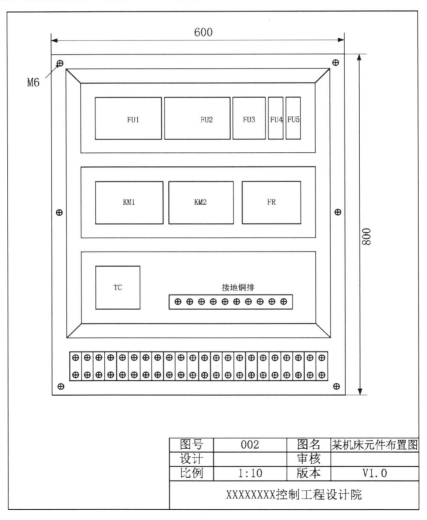

图 2-2　某机床元件布置图

电气元件布置图的绘制应遵循以下原则。

(1) 体积大和较重的电气元件应安装在电气安装板的下方，而发热元件应安装在电气安装板的上面。

(2) 安装发热元件时，要注意控制柜内所有元件的温升应保持在它们的允许范围内。对发热很多的元件，必须隔离安装，必要时可采用风冷。

(3) 强电、弱电应分开，为提高电子设备的抗干扰能力，弱电部分应加屏蔽和隔离。

(4) 元件的安排必须遵守规定的电气间隔和爬电距离，而且电气元件的布置和安装不宜过密，应留有一定的空间，便于电气元件的维修操作。

(5) 需要经过维护检修作调整用的电气元件，安装位置不宜过高或过低。

(6) 尽量将外形及结构尺寸相同的电气元件安装在一排，以利于安装和补充加工，而且便于布置、整齐美观。

(7) 电气元件布置不宜过密，应留有一定的间距。如用走线槽时，应加大各排电气元件的间距，以利于布线和维修。

(8) 电气元件布置应适当考虑对称，可从整个控制柜考虑对称，也可从某一部分布置考虑对称。

(9) 电气控制柜、操作台有标准的结构设计，可根据要求进行选择，若标准设计不能满足要求，则可另行设计。

## 2.2.3　电气安装接线图

电气安装接线图反映各电器之间的接线关系，是各电器之间、电器与接线端子排、主令电器及仪表之间的连接线路图。某机床安装接线图如图 2-3 所示。

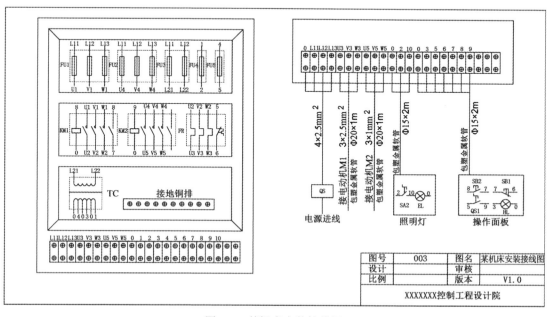

图 2-3　某机床安装接线图

电气安装接线图的绘制应遵循以下原则。

(1) 电气接线图采用细实线绘制。

(2) 同一个电气元件的不同部件（如接触器或继电器的线圈和触点）必须画在一起，各电气元件的位置应与实际安装位置一致。

(3) 不同电气柜体内电气元件的电气连接应通过端子排接线，且按电气原理图中的接线编号连接。

(4) 走向和功能相同的多根导线可用单线或线束表示，需标明导线的根数。

(5) 接线图中应标明连接导线的规格、型号、根数、颜色和穿线管的尺寸。

(6) 同一控制柜中各电气元件之间的连接可以直接进行，不在同一控制柜或配电屏上的电气元件的电气连线除动力线外，必须经过端子排。接线图中各元件的出现应用箭头标明。

(7) 端子排的排列要清楚，便于查找。可按线号数字大小顺序排列，也可按动力线、交流控制线或直流控制线分类后再按线号顺序排列。

## 2.3　电气线路的保护措施

电气控制系统的设计与运行中，必须考虑系统发生各种故障和不正常工作的可能性，在系统中设置各种保护装置以实现各种保护。常用的保护功能有短路、过载、过电流、过电压、欠电压、失电压、弱磁、接地等。

### 1. 短路保护

短路保护电路的主要作用是当电路系统中发生短路情况时及时断开闭合电路以此保证后续各个器件的安全。短路保护要求具有瞬时特性，即要求在很短的时间内切断电源。短路保护常用的方法有熔断器保护和低压断路器保护。低压断路器动作电流按电动机起动电流的 1.2 倍来整定，相应的低压断路器切断电流的触头容量也应该加大。

### 2. 过载保护

过载保护是过流保护中的一种，引起电动机过载的原因很多，如负载的突然增加、缺相运行或电源电压降低等。若电动机长期过载运行，则其绕组温升将超过允许值而使绝缘老化。

过载保护电器的动作特性应同时满足以下两个条件：

(1) 线路计算电流小于或等于熔断器熔体的额定电流，后者应小于或等于导体允许的持续载流量；

(2) 保证保护电器可靠动作的电流小于或等于 1.45 倍的熔断器熔体额定电流。

需要注意的是，当保护电器为断路器时，保证保护电器可靠动作的电流为约定时间内的约定动作电流；当保护电器为熔断器时，保证保护电器可靠动作的电流为约定时间内的熔断电流。

### 3. 过电流保护

过电流保护是区别于短路保护的一种电流型保护。所谓过电流是指电动机或电气元件超过其额定电流的运行状态，一般比短路电流小，不超过 6 倍的额定电流。在过电流情况下，电气元件并不是马上损坏，只要在达到最大允许温升之前电流值能恢复正常即可。但过大的冲击负载可能损坏电机。

过电流保护常用过电流继电器来实现，通常过电流继电器与接触器配合使用，当电流达到整定值时，过电流继电器的常闭触点使接触器线圈释放、接触器主触点断开来切断电动机电源。

#### 4. 过电压保护

过电压保护是指被保护线路的电压超过预定的最大值时，使电源断开或使受控设备电压降低的一种保护方式。电磁铁等大电感负载及直流电磁机构、直流继电器等，在通断时会产生较高的感应电动势，使电磁线圈绝缘击穿进而损坏，因此必须采用过电压保护措施。通常过电压保护在线圈两端并联一个电阻、电阻串电容或二极管串电阻，形成放电回路，实现过电压保护。

#### 5. 欠电压保护

欠电压保护是指当线路电压降低到临界电压时产生的保护电器的动作，其任务主要是防止设备因过载而烧毁。由于短路故障等原因，线路电压会在短时间内出现大幅度降低甚至消失的现象。

电动机运转时，电源电压过分降低会引起电磁转矩下降，在负载转矩不变的情况下，转速下降，电动机电流增大。除了使用接触器及按键控制方式外，还可以采用欠电压继电器来进行保护。吸合电压通常整定为 $0.8 \sim 0.85 U_N$，释放电压通常整定为 $0.5 \sim 0.7 U_N$。将电压继电器线圈跨接在电源上，其常开触点串接在接触器线圈电路中，当电源电压低于释放值时，电压继电器动作使接触器释放，接触器主触点断开电动机电源实现欠电压保护。

#### 6. 失电压保护

失电压保护是一种电气保护机制，指在电力系统中，当发生系统电压缺陷或故障时，自动切断故障部分，以保护电网设备和工作人员免受损害。

电动机正常工作时，如果因为电源电压消失而停转，那么一旦电源电压恢复，则有可能自行起动，造成人身事故或机械设备损坏。采用接触器和按钮控制时，当电源电压消失，接触器会自动释放而切断电源，当电源电压恢复，由于接触器自锁触点已断开，因此电动机不会自行起动。

#### 7. 弱磁保护

直流电动机磁场的过度减少会引起电动机超速，需设置弱磁保护，这种保护通过在电动机励磁线圈回路中串入欠电流继电器来实现。当电动机运行时，励磁电流过小，欠电流继电器释放，电枢电路线圈失电，电动机断开电源，从而实现保护电动机的目的。

#### 8. 接地故障保护

当发生带电导体与外露可导电部分、装置外可导电部分、PE 线、PEN 线、大地等之间的接地故障时，保护电器必须切断该故障电路。接地故障保护电器的选择应根据配电系统的接地形式、电气设备使用特点及导体截面面积等确定。

## 2.4　典型控制线路分析

电气控制有很多典型控制线路，在实际生产实践中应用广泛，通过对典型控制线路的分析，掌握控制线路的基本分析思路，具备控制线路的设计能力。

### 2.4.1 三相异步电动机的启动控制

#### 1. 全压启动

把电动机直接接到电压与电动机额定电压相等的电网上称为全压启动，全压直接启动电路如图 2-4 所示。

时间继电器星角
启动工作原理

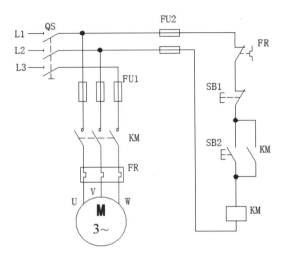

图 2-4　全压直接启动电路

具有自锁和过载保护功能的全压直接启动电路如图 2-4 所示。电路由左侧的主电路和右侧的控制线路组成。合上电源开关 QS 电源引入，按下启动按钮 SB2，控制电路中线圈 KM 得电，接触器 KM 获电吸合，松开按钮 SB2 后，线圈 KM 仍然得电自锁，主电路中主触点 KM 闭合，电动机通电启动。当按下按钮 SB1 后，线圈 KM 失电，接触器 KM 和主触点 KM 失电，电动机停止。

在此电路中短路保护由熔断器 FU 实现。过载保护由热继电器 FR 实现。当过载时，电动机电流过载，产生热量，使热继电器断开，避免电动机长时间过载烧毁。欠电压、失电压保护通过接触器 KM 的自锁环节实现。

三相异步电动机全压启动时的启动电流可达电动机额定电流的 6～7 倍。同时，因为启动电流的增加，致使电源电压下降（容量不是很大的情况下），从而引起更多在线电动机的欠压运行，电动机欠压运行会导致电动机的严重过载，如长时间运行则会烧毁电动机。另外，电动机的全压启动还会造成对机械负载的冲击，所以针对要求负载平稳启动的设备则必须要采取降压启动。

#### 2. 降压启动

降压启动用降低加在电动机定子绕组上的电压的办法来减小启动电流，启动结束后再加全压运行。

##### 1) 串电阻降压启动

串电阻降压启动是指在电动机中串接电阻降压启动完成后，再将电压恢复到额定值。

即在电动机启动时，在三相定子电路串接电阻，使电动机定子绕组电压降低，启动结束后再将电阻短接，使电动机在额定电压下正常运行。在电路中使用时间继电器控制串电阻降压启动控制的线路，又称为自动短接电阻降压启动电路，利用时间继电器延时动作来控制各元件的动作顺序。串电阻降压启动电路如图 2-5 所示。

　　启动过程：三相定子绕组中串接电阻 $R_{st}$，合上开关 QS，按下起动按钮 SB2，接触器 KM1 常开主触点接通，常开辅助触点闭合自锁，电动机经限流电阻 $R_{st}$ 启动，继电器 KT 接通，经延时后闭合接触器 KM2，短接电阻 $R_{st}$，电动机全压运行。

　　停止过程：按下 SB1，继电器 KT 和接触器 KM2 断电释放，电动机断电停止。

　　因为启动转矩随定子电压的平方下降，所以串电阻降压起动的缺点是减小了起动转矩，只适用于空载或轻载的场合，而且起动过程中电阻消耗很大。

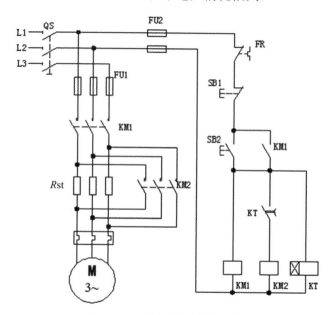

图 2-5　串电阻降压启动电路

**2) 星形 – 三角形降压启动**

　　星形 – 三角形降压启动适用于工作时定子绕组为三角形接法的电动机。星形 – 三角形降压启动电路如图 2-6 所示。

　　启动运行：按下启动按钮 SB2，KM、KT、KMY 线圈同时得电并自锁。即 KM、KMY 主触点闭合时，绕组接成星形；KM、KMY 主触点闭合时，接为星形进行减压起动。当电动机转速接近额定转速时，时间继电器 KT 常闭触点断开，KMY 线圈断电，同时时间继电器 KT 常开触点闭合，KM△线圈得电并自锁，电动机绕组接成三角形全压运行。KMY、KM△常闭触点为互锁触点，以防同时接成星形和三角形造成电源短路。

　　停止运行：按下停止按钮 SB1，KM、KM△线圈失电，电机停止运转。

　　星形启动转矩等于接成三角形启动转矩的 1/3。星形启动的优点是启动电流小，启动设备简单，价格便宜，操作方便，缺点是启动转矩小。

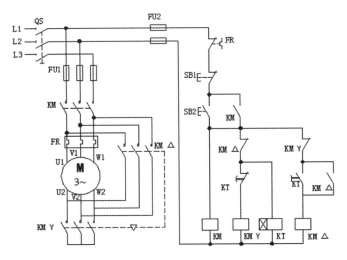

图 2-6　星形 - 三角形降压启动电路

### 3) 自耦变压器降压启动

自耦变压器降压启动指利用自耦变压器来降低电动机启动时的电压，达到限制启动电流的目的。启动时定子串入自耦变压器，自耦变压器一次侧接在电源电压上，定子绕组得到的电压为自耦变压器的二次电压，当电动机的转速达到一定值时，将自耦变压器从电路中切除，此时电动机直接与电源相接，电动机以全电压投入运行。

自耦变压器降压启动电路如图 2-7 所示。启动工作过程为：接通电源开关 QS，先按下 SB2 按钮，接触器 KM1 获电吸合，电动机经自耦变压器降压启动，操作者等待一段时间（<1 min），电动机转速升高到相当高时再按 SB3 按钮，KM1 失电断开自耦变压器电路，KM2 通电，电动机全压运转。

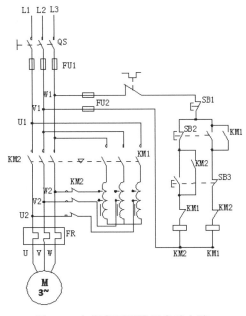

图 2-7　自耦变压器降压启动电路

停止运行：按下停止按钮 SB1，KM2 线圈失电，电机停止运转。

启动电流小，启动转矩大是自耦变压器减压启动的优点，它的缺点是启动设备体积大、笨重、价格贵、维修不方便。

上面介绍了三种不同启动方法的原理和特点，对比三种启动方式的优点与缺点，汇总如表 2-2 所示。

表 2-2　三种启动方式对比

| 启动方法 | 优　点 | 缺　点 | 适用范围 |
|---|---|---|---|
| 串电阻降压启动 | 不受电动机接线形式限制，设备简单、经济 | 串接电阻有能量损耗，电压降低后，启动转矩与电压的平方成比例地减小 | 空载或轻载启动场合 |
| 星形－三角形降压启动 | 简便、经济，不增加专用启动设备即可实现降压启动 | 启动转矩只有全压起动时的 1/3 | 操作较频繁的场合以及较重负载下的启动场合 |
| 自耦变压器降压启动 | 启动时转矩较大并可调节 | 接线比较复杂，启动转矩与二次侧电压的平方成正比 | 空载或轻载启动场合 |

4) 绕线式异步电动机串电阻启动

三相绕线式异步电动机可以在转子绕组中通过集电环串接外加电阻或频敏变阻器启动，达到减小启动电流、提高转子电路功率因数和增大启动转矩的目的。

串接于三相转子回路中的电阻，一般都连接成星型。在电动机启动前，启动电阻应当确保全部接入电路中，在启动过程中，启动电阻被逐级地短接切除，正常运行时，所有外接启动电阻全部切除。

控制线路分为按时间原则控制线路和按电流原则控制线路。

时间原则控制的转子串电阻启动控制线路如图 2-8 所示。分别合上主电路和控制电路断路器 KM1 及 KM4，按下起动按钮 SB2，接触器 KM1 线圈得电，主电路中的 KM1 主触点闭合，电动机转子绕组得电，转子绕组串入最大电阻 R1 + R2 + R3 起动，控制电路中 KM1 常开辅助触点闭合实现自锁，时间继电器 KT1 的线圈同时得电并开始延时。此时电动机的机械特性最软，启动电流限制在要求的值以内，电动机加速。随着电动机转速的上升，电动机电流和电磁转矩下降。将 KT1 延时到达后，其常开延时触点闭合，使接触器 KM2 和时间继电器 KT2 线圈同时得电，主电路中 KM2 主触点闭合，电动机转子绕组所串联的电阻减小为 R1 + R2，电动机机械特性变硬，电流增大，电动机在新的机械特性上加速运行，通知 KT2 进行延时。KT2 延时期间，电动机的电流和转矩减小。当 KT2 延时时间到达后，接触器 KM3 和时间继电器 KT3 线圈得电，电动机转子绕组只串电阻 R3 在更硬的机械特性上启动运行，同时 KT3 开始延时。KT3 延时时间到达后，接触器 KM4 线圈得电，电动机转子绕组所串电阻被 KM4 主触点短路，电动机运行在自然机械特性上。控制电路中，KM2、KM3、KM4 常开辅助触点闭合实现自锁，常闭辅助触点断开，分别使时间继电器 KT1、KT2、KT3 和接触器 KM2、KM3 线圈断电。按下停止按钮 SB1，控制电路断电，接触器 KM1 和 KM4 解除自锁，主触点断开，电动机断电停止运行。

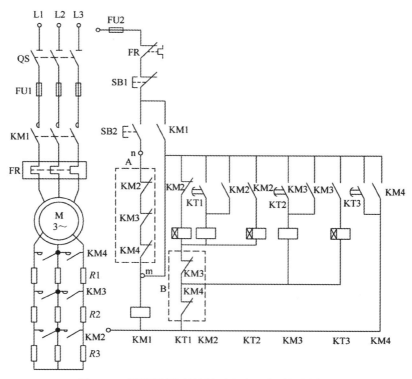

图 2-8　时间原则控制的转子串电阻启动控制线路

启动电阻被短路的过程中，多个时间继电器同时工作。因此，存在的问题主要有：

(1) 时间继电器损坏，电动机无法启动；

(2) 电阻分级切除过程中，时间继电器的延时时间受到人为经验影响，会出现电流及转矩的突变，对设备产生较大的机械冲击。

因此，我们有必要根据三相绕线式异步电动机串电阻启动的电流特点，设计电流原则下的控制电路，该电路适合选择电流继电器，如图 2-9 所示。

电动机启动前，电阻全部接入电路中。电动机启动过程中，电流继电器根据电动机转子电流大小的变化控制电阻的逐级切除。KI1～KI3 为欠电流继电器，这三个继电器的吸合电流值相同，但释放电流不一样。KI1 的释放电流最大，KI2 的释放电流次之，KI3 的释放电流最小。电动机刚启动时，启动电流较大，KI1～KI3 同时吸合动作，常闭触点断开，使全部电阻接入电路中。随着转速不断加快，电流减小，KI1～KI3 依次释放，分别短接电阻，直到转子串接的电阻全部短接。

为了在实际接线中寻找替代方案省略虚线圈 A 所示的保护电路，避免出现在电动机启动时转子电流由零增大但尚未达到电流继电器的吸合电流值使 KI1～KI3 不能吸合，接触器 KM1～KM3 同时得电，转子电阻全部被短接，电动机处于直接启动状态的情况。添加虚线框 B 和 C 所示的电路及触点，这时有了 KA，从 KM 线圈得电到 KA 常开触点闭合需要一段时间，这段时间能保证转子电流达到最大值，使 KI1～KI3 全部吸合，其常闭触点全部断开，KM1～KM3 均失电，确保电动机串入全部电阻启动。

5) 绕线式异步电动机串频敏变阻器启动

绕线式异步电动机串电阻启动虽然可以达到减小启动电流、提高转子电路功率因数和

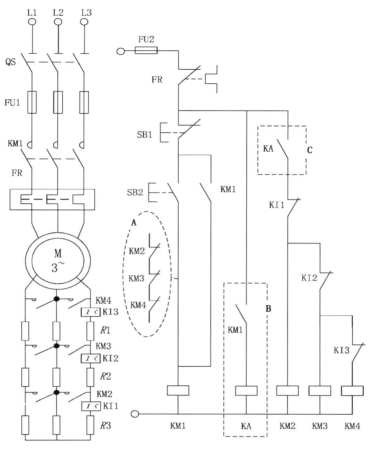

图 2-9　电流原则控制的转子串电阻启动控制线路

增大启动转矩的目的，但是也存在一些缺点，如启动过程为有级启动、不平滑。因此，引入了绕线式异步电动机串频敏变阻器启动的方法。

频敏变阻器启动随着交流电频率的变化阻抗发生变化，其本质上是一个铁芯损耗非常大的三相电抗器。电动机启动过程中，随着转速的升高，转差频率在下降，频敏变阻器的阻抗随转子电流频率的下降自动减小，使绕线式异步电动机的启动较为理想。串频敏变阻器启动控制线路如图 2-10 所示。

自动情况下，按下启动按钮 SB2，接触器 KM1 和时间继电器 KT 线圈同时得电，KM1 主触点闭合，电动机串频敏变阻器 RF 启动。启动过程结束，KT 延时时间到，其常开延时触点闭合，接触器 KA 得电，KA 触点闭合，接触器 KM2 线圈得电，主电路中 KM2 主触点闭合，使频敏变阻器旁路。

手动情况下，控制电路中未接入时间继电器 KT，启动过程与自动情况一致，启动结束后按下 SB3，接触器 KA 得电，KA 触点闭合，接触器 KM2 线圈得电，主电路中 KM2 主触点闭合，使频敏变阻器旁路。

转子串频敏变阻器启动的优点为具有恒转矩的启、制动特性，很少需要维修；频敏变阻器体积小、运行可靠。缺点为功率因数低，启动转矩小，对于要求低速运转和启动转矩大的机械不宜采用。

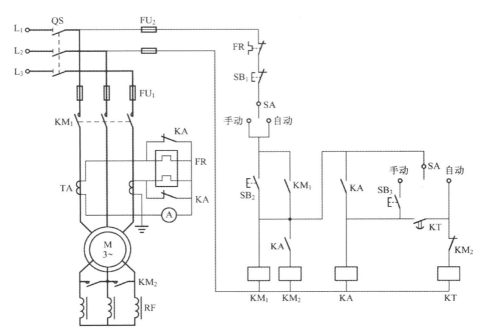

图 2-10　串频敏变阻器启动控制线路

## 2.4.2　三相异步电动机的制动控制

### 1. 反接制动

1) 单向运行的反接制动

反接制动电路
工作原理

单向运行的三相异步电动机的反接制动控制线路如图 2-11 所示，控制线路通常采用速度继电器。接触器 KM1 为单向正常旋转，接触器 KM2 为反接制动，KS 为速度继电器，$R$ 为反接制动电阻。

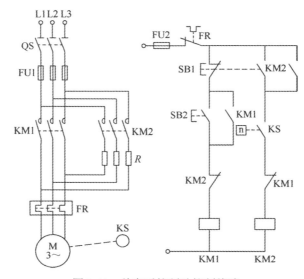

图 2-11　单向反接制动控制线路

单向运行的反接制动的工作过程为：接通刀开关 QS，按下启动按钮 SB2，接触器 KM1 得电，电动机 M 启动运行，速度继电器 KS 常开触点闭合，为制动作准备。制动时按下停止按钮 SB1，KM1 断电，KM2 得电，KM2 主触点闭合，定子绕组串入限流电阻 R 进行反接制动，当 M 的转速接近 0 时，KS 常开触点断开，KM2 断电，电动机制动结束。

2) 双向运行的反接制动

双向运行的三相异步电动机的反接制动控制线路如图 2-12 所示，合上电源开关 QS，其工作过程如下：

(1) 正向启动时，按下 SB2，KM1 线圈得电自锁，KM1 主触点闭合，电动机正向启动运行；KM1 互锁触点断开，速度继电器 KS1 的常闭触点断开，常开触点闭合，为 KM2 线圈参加反接制动做好准备。

(2) 正向运行制动时，按下 SB1，KM1 线圈断电释放，由于惯性电动机仍然转动，KS1 常开触点仍然闭合，KM2 线圈得电，电动机定子绕组电源改变相序，电动机进入正向反接制动状态，当电动机转速 $n$ 接近 0 时，KS1 的常闭触点和常开触点均复位，KM2 线圈断电，正向反接制动结束。

(3) 反向启动时，按下 SB3，KM2 线圈得电自锁，KM2 主触点闭合，电动机反向启动运行；KM2 互锁触点断开，速度继电器 KS2 的常闭触点断开，常开触点闭合，为 KM1 线圈参加反接制动做好准备。

(4) 反向运行制动时，按下 SB1，KM2 线圈断电释放，由于惯性，电动机仍然转动，KS2 常开触点仍然闭合，KM1 线圈得电，电动机定子绕组电源改变相序，电动机进入反向反接制动状态，当电动机转速 $n$ 接近 0 时，KS2 的常闭触点和常开触点均复位，KM1 线圈断电，反向反接制动结束。

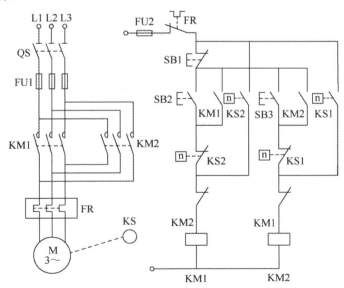

图 2-12 双向反接制动控制线路

2. 能耗制动

能耗制动控制线路如图 2-13 所示。图中，接触器 KM1 为单向运行，接触器 KM2 用来实现能耗制动，TC 为整流变压器，VC 为桥式整流电路，KT 为时间继电器。

工作过程：电动机单向正常运行，接通刀开关 QS，按下启动按钮 SB2，接触器 KM1 得电，电动机 M 启动运行。

停止运行：按下复合（停止）按钮 SB1，常闭触点先断开，KM1 失电，电动机定子切断三相电源；SB1 的复合（常开）触点后闭合，KM2、KT 同时得电，如果电动机定子绕组星形联结，则将两相定子绕组接入直流电源进行能耗制动。

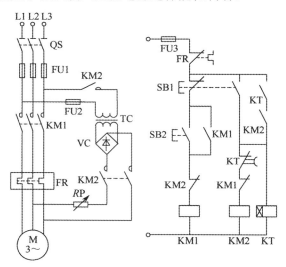

图 2-13　能耗制动控制线路

### 2.4.3　直流电动机的启动控制

直流电动机在额定电压下直接启动，启动电流为额定电流的 10～20 倍，过大的启动转矩会导致电动机的换向器和电枢绕组损坏，因此在电枢回路中串入启动电阻。他励直流电动机在弱磁或零磁时会产生飞车现象，因此在接入电枢电压前应先接入额定励磁电压，在励磁回路中应有弱磁保护。

图 2-14 中，KOC 为过电流继电器，实现电动机过载和短路保护；KUC 为欠电流继电器，实现电动机弱磁保护；电阻 $R3$ 与二极管 VD 构成励磁绕组放电回路，实现过电压保护。

直流电动机电枢串电阻启动控制电路的工作原理为：合上电枢电源开关 Q1 和励磁与控制电流电源开关 Q2，励磁回路通电，KUC 线圈通电吸合，其常开触点闭合，KT1 线圈通电，其常闭触点 KT1 断开，切断 KM2、KM3 线圈，确保启动时串入 $R1$ 和 $R2$；按下启动按钮 SB2，KM1 线圈通电并自锁，主触点闭合，接通电动机电枢电压，电枢串入两级启动电阻启动，同时 KM1 常闭触点断开，KT1 线圈断电，KT2 线圈通电，此时常开触点断开，KM3 不通电，确保 $R2$ 串入启动。一段时间后，KT1 延时触点闭合，KM2 线圈通电吸合，主触点短接电阻 $R1$，电动机转速升高，电枢电流减小。$R1$ 被短接的同时，KT2 线圈断电，经延时后，KT2 延时闭合触点闭合，KM3 线圈通电吸合，KM3 主触点闭合短接电阻 $R2$，电动机在额定电枢电压下运转，启动过程结束。

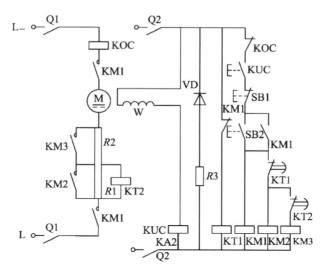

图 2-14　直流电动机电枢串电阻启动控制线路

### 2.4.4　直流电动机的制动控制

直流电动机能耗制动控制电路如图 2-15 所示。图中，KM1、KM2、KM3、KOC、KUC、KT1、KT2 与直流电动机电枢串电阻启动控制电路作用相同，KM4 为制动接触器，KV 为电压继电器。

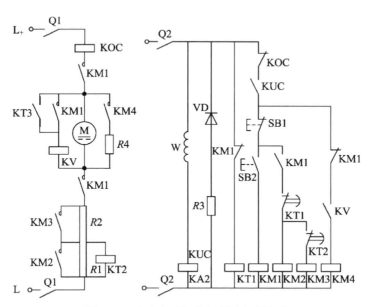

图 2-15　直流电动机能耗制动控制电路

制动时，按下停止按钮 SB1，KM1 线圈断电释放，其主触点断开电动机电枢电源，电动机以惯性旋转。此时电动机转速较高，电枢两端有足够大的感应电动势，使并联在电枢两端的电压继电器 KV 经自锁触点仍保持通电吸合状态，KV 常开触点闭合，使 KM4 线圈通电吸合，常开主触点将电阻 R4 并联在电枢两端，电动机实现能耗制动，使转速迅速下降，电枢感应电动势也随之下降，当降至一定值时，电压继电器 KV 释放，KM4 线圈断电，电动机能耗制动结束，电动机自然停车。

# 课 后 习 题

一、填空

1. 电气控制线路图包含三类：_____、_____、_____。

2. 三相异步电机的起动方式包括 _____ 和 _____。

3. 电气控制原理图中包括 _____ 和 _____ 两大部分。

二、问答题

1. 电气线路的保护措施有哪些？主要特点是什么？

2. 三相异步电动机直接启动会造成哪些危害？

3. 鼠笼型异步电动机和绕线式异步电动机在启动方式上有什么不同？

# 下篇　控制进阶篇

# 第 3 章

# 可编程控制器概述

随着科技的发展和生产技术的进步，现代工业生产的自动化水平不断提升，在传统继电器控制基础上，自动化技术结合微型计算机技术和通信技术发展出一种新型的工业控制装置，这就是可编程控制器。可编程控制器 (Programmable Logic Controller) 又称可编程逻辑控制器，是工业自动化领域一种十分重要的控制设备。

## 3.1 可编程控制器的发明及发展历史

本节主要介绍可编程控制器的发明历程以及可编程控制器发明后的发展历史，让读者了解可编程控制器在工业控制系统中的重要作用。

### 3.1.1 可编程控制器的发明

了解可编程控制器的历史，首先要介绍一位科学家，他就是 18 世纪的美国科学家——约瑟夫·亨利，如图 3-1 所示。约瑟夫·亨利是美国促进科学研究所的创始成员之一，也是史密森尼学会的首任会长，他被认为是本杰明·富兰克林之后最伟大的美国科学家之一，他在电磁学领域做出了重要的贡献。

图 3-1　约瑟夫·亨利

约瑟夫·亨利在 1830 年的独立研究中发现了电磁感应定律。1830 年 8 月，亨利在电磁铁两极中间放置一根绕有导线的条形软铁棒，然后把条形铁棒上的导线接到检流计上，形成闭合回路。他观察到，当电磁铁的导线接通的时候，检流计指针向一方偏转后回到零；当导线断开的时候，指针又向另一方偏转后回到零。这就是亨利发现的电磁感应现象，而这一现象的发现比法拉第发现电磁感应现象早了一年。当时世界的科学中心在欧洲，加之身处美国的亨利正在热衷于研制更大的电磁铁，并没有对这一实验成果总结发表，因此失去了电磁感应的发明权，同时也成就了法拉第。然而约瑟夫·亨利发明的电磁继电器却成为了电气控制领域的重要元件，时至今日在自动控制领域电磁继电器仍然被大量使用，如图 3-2 所示。

图 3-2　电磁继电器

自 18 世纪 30 年代美国科学家约瑟夫·亨利发明电磁继电器以来，电磁类的工业产品就开始逐渐大量运用于工业生产。主要的应用形式是将各种继电器、定时器、计数器、按键、指示灯等控制元件按一定的逻辑关系由导线连接起来，搭建控制系统，用以控制各种生产机械。

20 世纪 60 年代初，工业自动化快速发展，各种顺序控制、时序控制以及连锁保护控制系统还主要是由各种类型的电磁控制元件组成。直到 20 世纪 70 年代，这种传统的继电器、接触器控制方式在电气控制领域特别是在离散制造过程控制领域内一直占据主导地位。虽然这种传统的继电器、接触器式的控制方式在一定时期内提升了工业生产的效率，但是也存在着很多不足，主要包括以下几方面：

(1) 所需控制元件数量庞大，元件间导线连接复杂；

(2) 需要大量的电气控制柜容纳控制元件；

(3) 控制系统可靠性差，故障率高；

(4) 发生故障后查找和排除故障费时、困难；

(5) 控制系统运行过程中噪声大、能耗高；

(6) 控制系统设计制造完成后功能就不易改变，通用性和灵活性较差等。

当时虽然小型计算机已日趋完善，应用领域也在不断扩大，但因其价格高，需要与工业设备的输入输出电路配套非标准的外部接口；编程复杂，需要有较高水平的编程人员和操作人员；功能过剩，机器资源未能充分利用；对环境和现场条件的要求过高，不适应恶劣的工业环境。这些因素导致小型计算机未能在开关控制领域广泛推广应用。

在这种情况下 PLC 应运而生。关于 PLC 的故事发生在 20 世纪 60 年代的美国，在美国有个非常知名的汽车公司叫通用汽车，当时通用汽车公司已经开始在生产线上进行流水化制造汽车，到 1967 年已经下线 1 亿辆汽车。以现在的生产技术水平，汽车生产线可以布满整个车厂，而且几个月就能制造出一条产线。但是限于当时的技术水平，大多数人都不知道何为电脑，更不用说各种控制器和机器人了，当时的生产线是通过由继电器和密密麻麻的导线搭建出来的整排继电器逻辑控制柜控制的，如图 3-3 所示。

图 3-3    继电器逻辑控制柜

位于美国密歇根州的通用汽车公司有一个名为 Hydra-Matic 的部门，该部门是通用汽车公司最主要的生产技术部门，也是当时闻名全国的技术领导部门。与大多数汽车行业一样，通用汽车在机械和设备升级方面进行了大量投资，以提高质量和生产率。很多昂贵的设备（如 IBM1800 系列电脑）都是在 Hydra-Matic 部门最先配备起来的。但是这些昂贵的设备却没有在生产线的改进上起到作用，反而经常导致生产线停产。面对这样的问题，Hydra-Matic 电路系统部门一个年轻的工程师 Dave Emmett 在 1968 年 4 月提出建议：开发一套称为"标准机器控制器"的设备。他要求该设备能够替代当时用于控制机器运行的继电器系统，并且能够明显降低改变机器控制序列所花费的时间，减少维护费用，改善机器诊断，缩小盘台所需空间。

与此同时，Hydra-Matic 计算机部门的另一个团队也正在计划为通用汽车公司开发一种不同的机器控制系统，用于控制前离合器生产线。同一个部门的两个小组各自都非常清楚自己开发的东西会引领自动化的未来，其中的竞争可想而知。由于两组人专业背景和工作领域存在偏差，因此在定义项目需求上势必会有不同。电路系统部门希望复制现有逻辑图，而计算机部门则希望使用非顺序的编程，提供一种更具有鲁棒性的指令集，从而可以降低处理时间。两种方案的优点和局限性随着项目的进展而变得日渐清晰。经过平衡之后，通用汽车公司在 1968 年 6 月发布招标书，包括仅有 4 页纸的设计规范书，这就是后来著名的"GM 十条"：

(1) 编程简单，可在现场修改和调试程序；

(2) 维护方便，采用插入式模块结构；

(3) 可靠性高于继电器控制装置；

(4) 体积小于继电器控制柜；

(5) 能与管理中心的计算机系统进行通信；

(6) 成本可与继电器控制系统竞争；

(7) 输入量是 115 V 交流电压 ( 美国电网电压是 110 V)；

(8) 输出量为 115 V 交流电压，输出电流在 2 A 以上，可直接驱动电磁阀；

(9) 系统扩展时原系统只需做很小的改动；

(10) 用户程序存储器容量至少能扩展到 4 KB。

通用汽车公司在 1968 年发布了"标准机器控制器"开发的招标书后，有 7 家公司应标，最后只有 3 家公司提供了实际原型机进行项目测试，它们分别是数字设备公司 (DEC)、信息仪表公司和贝德福德协会 (Bedford Associates)。

在通用汽车发布招标文件后，DEC 于 1969 年 6 月就交付了第一台原型机 PDP-14，用于控制齿轮磨床。DEC 的 PDP-14 安装后一直运行到 1970 年，因为要修改 DEC 程序，所以客户应用程序必须发给 DEC，然后修改好的内存板再发还给工厂，一般处理一个程序大约需要一周的时间，这一处理方法是 DEC 最终被替换的主要原因。

与 Hydra-Matic 计算机部门关系比较好的信息仪表公司随后也交付了他们的设备 PDQ-II，如图 3-4 所示。PDQ-II 提供的高级逻辑运算功能的优势非常明显，因此得到力推。该方案以及复杂的编程功能可用于正离合器生产线的控制，运行效果很好。但是 PDQ-II 跟当时的其他计算机一样，为了修改程序，必须先编写一个布尔程序，然后使用微型计算机接口以电传打字机打孔纸带的方式读取程序，再使用特殊的加载器加载程序。这虽然比 DEC 的回原厂修改好很多，但除了计算部门对于其他电气部门来说都非常不便。PDQ-II 在通用汽车一直运行到 1971 年后被 Modicon 084 全面替换。

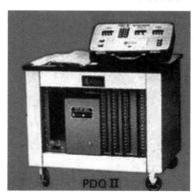

图 3-4　PDQ-II 型 PLC

贝德福德协会 (Bedford Associates) 由 Dick Morley 和 George Schwenk 于 1964 年成立，是一家新英格兰控制系统工程公司。1968 年 1 月 1 日，有过机床操作员工作经历的 Dick Morley 先生为了避免重复性的工作，起草了一个备忘录，他写道："这个东西应有如下特性：没有过程中断；直接映像进入存储器；没有软件处理重复的事务；运行速度慢 ( 莫利随后认识到该特性是一个错误 )；坚固的设计以便能真正地工作；有自己的编程语言 ( 几个月之后出现了梯形图逻辑 )"。这一备忘录的初衷，仅仅是 Morley 先生想要发明一个将所有功能都集于一个编辑器的一劳永逸的"神器"，也正是因为这一初衷，孕育了梯形图逻辑编程语言。1968 年 Bedford 成立了第七家控制公司，名为 Modicon，它是 Modular Digital Controller 的缩写。1969 年 Modicon 推出了 084 型 PLC，如图 3-5 所示，该 PLC 的型号是由它是 Bedford 的第

84 个项目而得来的。与 DEC 装置一样，084 也用于代替控制齿轮磨床的继电器面板。由于 Modicon 首创的梯形图逻辑编程与继电器梯形图逻辑类似，因此受到了 Hydra-Matic 部门电路系统小组的力挺。084 编程相对简单，用户插入编程单元，选择适当的软件模块，然后键入梯形图即可。Modicon 084 的另外一个优势是它是唯一一个安装在硬质外壳内的控制器，提供了其他两个原型机所没有的车间级的保护。

图 3-5　Modicon 084 型 PLC

　　所有三个原型单元均符合规格并一直运行到 1970 年。在随后的两年中，三家供应商及其支持者之间的竞争非常激烈。凭借优良的操作性能，Modicon 084 成为了工厂工程师和电工的首选控制器，PDQ-II 和 PDP-14 在 1971 年被替换。至此关于 PLC 发明的故事也接近尾声，DEC 的 PDP-14 作为第一台用于现场测试的原型机，一直被业界公认为世界上第一台 PLC。Modicon 084 虽然不是第一个安装的测试原型机，但它另辟蹊径推出的梯形图的编程方式捕获了当时一众电气工程师的心，成功替代前两者取得胜利，也牢牢地奠定了其在自动化界的地位。

### 3.1.2　可编程控制器的发展历史

　　20 世纪 70 年代后，随着电子技术和计算机技术的发展以及微处理技术的应用，人们将微机技术应用到 PLC 中，使得它能更多地发挥计算机的功能，不仅用逻辑编程取代硬连线逻辑，还增加了算术运算、数据传送和数据处理等功能，使其真正成为了一种电子计算机工业控制设备。20 世纪 70 年代中末期，可编程控制器进入实用化发展阶段，计算机技术已全面引入可编程控制器中，使其功能发生了飞跃。更高的运算速度、超小型体积、更可靠的工业抗干扰设计、模拟量运算、PID 功能及极高的性价比奠定了它在现代工业中的地位。

　　20 世纪 80 年代初，可编程控制器在先进工业国家中已获得了广泛应用。这个时期可编程控制器发展的特点是大规模、高速度、高性能、产品系列化。这个阶段的另一个特点是世界上生产可编程控制器的国家日益增多，产量日益上升。这标志着可编程控制器已步入成熟阶段。20 世纪 80 年代至 90 年代中期，是 PLC 发展最快的时期，年增长率一直保持为 30%～40%。在这个时期，PLC 在处理模拟量能力、数字运算能力、人机接口能力和网络能力上得到了大幅度提高，PLC 逐渐进入过程控制领域，在某些应用上取代了在过程控制领域处于统治地位的 DCS 系统。

20 世纪末期，可编程控制器的发展特点是更加适应于现代工业的需要。从控制规模上来说，这个时期发展了大型机和超小型机；从控制能力上来说，这个时期诞生了各种各样的特殊功能单元，用于压力、温度、转速、位移等各式各样的参数控制场合；从产品的配套能力来说，这个时期生产了各种人机界面单元、通信单元，使应用可编程控制器的工业控制设备的配套更加容易。目前，可编程控制器在机械制造、石油化工、冶金钢铁、汽车、轻工业等领域的应用都得到了长足的发展。

我国可编程控制器的引进、应用、研制、生产是伴随着改革开放开始的。最初是在引进设备中大量使用了可编程控制器，接下来在各种企业的生产设备及产品中不断扩大了 PLC 的应用。目前我国已经可以生产大中小型可编程控制器，无锡信捷、深圳汇川、北京和利时、深圳英威腾等都是我国比较著名的 PLC 生产厂家。可以预期，随着我国智能制造进程的深入，PLC 在我国工业领域将有更广阔的应用天地。

## 3.2　可编程控制器的定义及分类

前面的章节中我们了解了可编程控制器的发明和发展历史，那什么是可编程控制器呢？可编程控制器又是怎么分类的呢？接下来我们将逐一学习。

### 3.2.1　可编程控制器的定义

可编程控制器是在继电器控制技术和计算机技术的基础上开发出来的，并逐渐发展成为以微处理器为核心，将自动化技术、计算机技术、通信技术融为一体的新型工业控制装置。它出现的时间虽然不长，但发展却非常迅速。国际电工委员会 (IEC) 曾在 1982 年 11 月颁布了可编程控制器标准草案第一稿，1985 年 1 月颁布了第二稿，1987 年 2 月又颁布了第三稿。1987 年，国际电工委员会 (IEC) 在可编程控制器的标准草案中做了如下定义："可编程控制器是一种专门为在工业环境下应用而设计的数字运算操作的电子装置。它采用可以编制程序的存储器，用来在其内部存储执行逻辑运算、顺序运算、计时、计数和算术运算等操作的指令，并能通过数字式或模拟式的输入和输出控制各种类型的机械或生产过程。可编程控制器及其相关的外围设备都应按照易于与工业控制系统形成一个整体、易于扩展其功能的原则而设计。"

可编程控制器是以微处理器为基础，综合了计算机技术、自动控制技术和通信技术等现代科技发展起来的一种新型工业自动控制装置，其在控制系统应用方面优于计算机，是将计算机技术应用于工业控制领域的一种产品。它易于与自动控制系统相连接，可以方便灵活地构成不同要求、不同规模的控制系统，其环境适应性和抗干扰能力极强，所以也被称为工业控制计算机。

## 3.2.2 可编程控制器的分类

PLC 产品种类繁多，发展也很快，其规格和性能也各不相同，对
PLC 的分类可以根据结构、功能等方面的差异进行划分。

可编程控制器的分类

### 1. 根据 I/O 点数分类

PLC 按其 I/O 点数多少一般可分为四类：微型机、小型机、中型机和大型机。

1) 微型机

I/O 点数小于 64 点的为微型机，其内存容量为 256 B～1 KB。这一类 PLC 主要用于
单台设备的监控，在纺织机械、数控机床、塑料加工机械、小型包装机械上应用广泛，有
时还应用于家庭。

2) 小型机

I/O 点数在 64～256 点的为小型机。小型机一般只具有逻辑运算、定时、计数和移位
等功能，用于小规模开关量的控制，可实现条件控制、顺序控制等。有些小型机也增加了
一些算术运算和模拟量处理、数据通信等功能。小型机的特点是价格低廉、体积小巧，适
用于单机控制及开发机电一体化产品。西门子公司的 S7-200 系列 PLC，OMRON 公司的
CPM2A 系列 PLC，三菱公司的 F1、F2 和 FXO 系列 PLC 都属于小型机。

3) 中型机

I/O 点数在 256～2048 点之间的为中型机。它除了具备逻辑运算功能，还增加了模拟
量输入/输出、算术运算、数据传送、数据通信等功能，可完成既有开关量又有模拟量的
复杂控制。中型机的软件比小型机丰富，在已固化的程序内一般还有 PID 调节、整数/浮
点运算等功能模块。中型机的特点是功能强、配置灵活，适用于具有诸如温度、压力、流量、
速度、角度、位置等模拟量控制和大量开关量控制的复杂机械以及连续生产过程的控制场
合。西门子公司的 S7-300 系列 PLC、OMRON 公司的 C200H 系列、三菱公司的 AIS 系列
PLC 都属于中型机。

4) 大型机

I/O 点数在 2048 点以上的为大型机。大型机的功能更加完善，具有数据运算、模拟调节、
联网通信、监视记录、打印等功能。大型机的内存容量超过 640 KB，监控系统采用 CRT
显示，能够表示生产过程的工艺流程、各种曲线、PID 调节参数选择图等，能进行中断控
制、智能控制、远程控制等。大型机的特点是 I/O 点数特别多、控制规模宏大、组网能力强，
它可以构成三级通信网，实现工厂生产管理自动化，可用于大规模的过程控制，构成分布
式控制系统或整个工厂的集散控制系统 (DCS)。

以上划分没有一个十分严格的界限，随着 PLC 技术的飞速发展，某些小型 PLC 也具
有中型或大型 PLC 的功能，这些界限也会发生变化，这也是 PLC 的发展趋势。

### 2. 根据结构形式分类

PLC 按结构形式可分为整体式、模块式和叠装式三类。

1) 整体式 PLC

整体式 PLC 将电源、CPU、I/O 部件都集中配置在一个机箱中，如图 3-6 所示。整体

式 PLC 结构紧凑、体积小、质量轻、价格低，容易装配在工业控制设备的内部。整体式 PLC 由不同 I/O 点数的基本单元 ( 又称主机 ) 和扩展单元组成。基本单元内有 CPU、I/O 接口、与 I/O 扩展单元相连的扩展口以及与编程器相连的接口。扩展单元内只有 I/O 接口和电源等，没有 CPU。基本单元和扩展单元之间一般用扁平电缆连接。整体式 PLC 还配备特殊功能单元，如模拟量单元、位置控制单元等，使其功能得以扩展。整体式 PLC 一般都是小型机。

图 3-6　整体式 PLC

2) 模块式 PLC

模块式 PLC 是将各部分以单独的模块进行设置，如电源模块、CPU 模块、输入 / 输出模块及其他智能模块等，如图 3-7 所示。这种 PLC 一般设有机架底板 ( 也有的 PLC 为串行连接，没有底板 )，在底板上有若干插槽，使用时各种模块直接插入机架底板上，就构成了一个完整的 PLC 控制系统。这种结构的 PLC 配置灵活，维修简单，易于扩展，可根据控制要求灵活配置所需模块，构成功能不同的各种控制系统。一般大、中型 PLC 都采用这种结构。

图 3-7　模块式 PLC

3) 叠装式 PLC

叠装式 PLC 是将整体式和模块式结合起来。叠装式 PLC 将 CPU 模块、电源模块、通信模块和一定数量的 I/O 单元集成到一个机壳内，如果集成的 I/O 模块不够使用，那么可以进行模块扩展。其 CPU、电源、I/O 接口等也是各自独立的模块，但它们之间要靠电缆进行连接，并且各模块可以一层层地叠装。叠装式 PLC 集整体式 PLC 与模块式 PLC 的优点于一身，它不但系统配置灵活，而且体积较小，安装方便。西门子公司的 S7-200 系列 PLC 就是叠装式的结构形式。

### 3. 根据功能分类

根据 PLC 所具有的功能不同，可将 PLC 分为低档、中档、高档三类。

1) 低档 PLC

具有逻辑运算、定时、计数、移位以及自诊断、监控等基本功能，还可有少量的模拟量 I/O、算术运算、数据传送和比较、通信等功能，主要用于逻辑控制、顺序控制和少量模拟量控制的单机控制系统。

2) 中档 PLC

除具有低档 PLC 的功能外，还具有较强的模拟量 I/O、算术运算、数据传送和比较、数制转换、远程 I/O、子程序、通信联网等功能。有些还可增设中断控制、PID( 比例、积分、微分控制 ) 控制等功能，以适用于复杂控制系统。

3) 高档 PLC

除具有中档 PLC 的功能外，还增加了带符号算术运算、矩阵运算、函数、表格、CRT 可编程控制器原理与应用显示、打印和更强的通信联网功能，可用于大规模过程控制和构成分布式网络控制系统，实现工厂自动化。

一般低档机多为小型 PLC，采用整体式结构。中档机可为大、中、小型 PLC，其中小型 PLC 多采用整体式结构，中型和大型 PLC 采用模块式结构。高档机多为大型 PLC，采用组合式结构。目前，在国内工业控制领域应用最广泛的还是中、低档 PLC。

## 3.3　可编程控制器的特点及功能

可编程控制器的分类方式众多，不同类型的可编程控制器的特点和功能也有所区别。本章节我们首先学习可编程控制器的特点，再学习可编程控制器的功能。根据可编程控制器不同的特点和功能，在不同的应用场景下可以选择不同类型的可编程控制器来满足生产的需要。

### 3.3.1　可编程控制器的特点

可编程控制器是以微处理器作为控制核心，综合了计算机与自动化技术开发的新型工业控制器，具有以下特点。

(1) 可靠性高，抗干扰能力强。

继电器控制系统中，器件的老化、脱焊、触点的抖动以及触点电弧等现象大大降低了系统的可靠性。而在 PLC 系统中，大量的开关动作是由无触点的半导体电路来完成的，加上 PLC 充分考虑了工业生产环境电磁、粉尘、温度等各种干扰，在硬件和软件上采取了一系列抗干扰措施，因此 PLC 具有极高的可靠性。

(2) 模块丰富，功能强大，应用灵活。

除了单元式小型 PLC 外，多数 PLC 均采用模块式结构，常见的模块有各类电源模块、CPU 模块、直流 I/O 模块、交流 I/O 模块、温度模块、张力模块、步进电机驱动模块、数字量混合模块、模拟量混合模块、称重模块、示波器模块、网络模块、接口模块、定位模块、PID 模块、高速记数模块、鼓序列发生器模块等，它们将各种形式的现场信号十分方便地接入以 PLC 为核心的数字控制系统中，模块组合和扩展方便，用户可根据自己的需要灵活选用，以满足系统大小不同及功能繁简各异的控制要求。另外，现代 PLC 不仅具有逻辑运算、定时、计数、顺序控制等功能，而且具有 A/D 和 D/A 转换、数值运算、数据处理、PID 控制、通信联网等多种功能。可编程控制器的灵活性主要表现在编程的灵活性、扩展的灵活性以及操作的灵活性三个方面。编程的灵活性是指可编程控制器采用标准编程语言，如梯形图、语句表、功能模块图、结构化文本、C 语言等，使用者只需掌握其中一种编程语言就可进行编程。扩展的灵活性是指可编程控制器可根据系统的规模变化不断进行扩展。扩展包括容量的扩展、功能的扩展、应用和控制范围的扩展。扩展不仅可以通过增加输入/输出模块进行，也可以通过扩展单元或者通过多台可编程控制器与其他上位机的通信来扩大容量和功能，甚至可通过与集散控制系统集成来扩展其功能，与外部设备进行数据的交换。操作的灵活性是指采用 PLC 控制系统的设计工作量、编程工作量、安装调试施工工作量得到了减少。另外，系统运行时的操作也十分方便和灵活。

(3) 编程简单，使用方便。

大多数 PLC 的编程采用与继电器电路极为相似的梯形图语言，直观、形象、易懂，深受电气技术人员的欢迎。近年来各生产厂家都加强了通用计算机运行的编程软件的制作，使程序的组织及下载工作更加方便。

(4) 安装、调试方便，维修工作量小。

PLC 用软件代替了传统电气控制系统的硬件，使得控制柜的设计、安装的接线工作量大为减少。PLC 有完善的自诊断、履历情报存储及监视功能，对于其内部工作状态、通信状态、异常状态和 I/O 点的状态均有显示。工作人员可以通过这些显示功能查找故障原因，便于迅速处理。

(5) 体积小、质量轻。

PLC 常采用箱体式结构，体积及质量只有通常接触器的大小，易于安装在控制箱中或机械内部。采用 PLC 的控制系统功能强大，调速、定位等功能都可以通过电气方式完成，可以大大减少机械的结构设计，有利于实现机电一体化。

## 3.3.2　可编程控制器的功能

随着 PLC 技术的不断发展，PLC 与 3C(Computer，Control，Communication) 技术逐渐融为一体。目前的 PLC 已从最初的小规模的单机顺序控制发展到包括网络通信、系统诊断、过程控制、运动控制等电气控制领域，并能组成工厂自动化的 PLC 综合控制系统，实现了大范围、跨地域的控制与管理。PLC 的主要功能如下。

1) 开关量的逻辑控制功能

开关量的逻辑控制功能是 PLC 最基本、最常用的功能。PLC 控制开关量的能力很强，由于 PLC 具有联网能力，点数几乎不受限制，因此可控制的输入/输出点数多达上万点。PLC 设置了与 (AND)、或 (OR)、非 (NOT) 等逻辑指令，可根据外部现场 ( 操作按钮、限位开关、传感器及其他现场指令信号等 ) 的状态与指令，按照指定的逻辑进行运算处理，并将运算结果输出给现场的被控对象 ( 电磁阀、电机、指示灯等 )。它能取代传统的继电器控制系统，实现逻辑控制、顺序控制等，其应用领域遍及冶金、机械、化工、纺织等，几乎所有工业行业都会用到这种功能。它既可用于单机控制，又可用于多机群控制、自动化生产流水线等，如注塑机、印刷机械、组合机床、包装流水线、电镀流水线等。逻辑顺序控制系统按照逻辑的先后顺序执行操作命令，它与执行的时间无严格关系。

2) 过程控制功能

在工业生产过程中，有许多连续变化的量，如温度、压力、流量、液位和速度等模拟量。为了使可编程控制器能够处理模拟量，需要实现模拟量 (Analog) 和数字量 (Digital) 之间的 A/D 转换及 D/A 转换。PLC 模拟量的输入、输出控制模块本身都具有 A/D、D/A 转换功能，使其方便地进行模拟量的检测、控制和调节。当今的大、中型 PLC 都具有闭环 PID 控制模块，实现这一功能可调用 PID 子程序 ( 软件功能块 )，或采用专用的智能 PID 模块。过程控制在冶金、化工、热处理、锅炉控制等场合有非常广泛的应用。

3) 定时控制功能

PLC 能为用户提供几十个甚至几千个计时器，并设置了定时器指令。计时器的计时值既可由用户在编制程序时设定，也可由操作人员在工业现场通过人机对话装置实时地现场设定。一些 PLC 还提供了高精度的时钟脉冲，用于准确的实时控制。PLC 的定时精度高，定时设定方便、灵活。例如，马达空载启动运行数秒后再加入额定负载，注塑机合模后经数分钟再开模，交通信号控制系统中东西南北方向的红、绿、黄色交通信号灯按照一定的时间顺序来点亮或熄灭等。这类时间顺序控制系统的特点是各设备的运行时间是事先确定的，一旦顺序执行，将按预定的时间执行操作命令。

4) 计数控制功能

PLC 为用户提供了几十个甚至几千个计数器，计数器种类分为普通计数器、可逆计数器、高速计数器等，用来完成不同用途的计数控制。其计数设定值的设定方式类似计时器。当计数器的当前计数值等于计数器的设定位，或在某一数值范围内时，则按照程序设定发出控制命令。计数器的计数值可以在运行中被读出，也可以在运行中被修改。一般计数器的计数频率较低，可以应用在如啤酒灌装生产线的计数装箱等工作中。若需对频率较高的信号进行计数，则需选用高速计数模块，其最高计数频率可达 500 kHz，如贝加莱公司研发的应用在电网监控系统中对高次谐波进行采样分析的高速计数模块。具有内部高速计数模块的 PLC，如三菱公司的 FX 系列的 PLC，可提供计数频率达 10 kHz 的内部高速计数器。

5) 条件顺序控制功能

PLC 实现条件顺序控制功能时系统以执行操作命令的条件是否满足为依据，当条件满足时，相应的操作被执行，不满足时，将执行另外的操作。

6) 运动控制功能

从控制机构配置来说，早期运动控制系统的构成是由 PLC 开关量的 I/O 模块连接位置传感器和执行机构来实现的。目前，多数 PLC 制造商都提供拖动步进电机或伺服电机的单轴或多轴运动控制模块，PLC 把描述目标位置的数据送给位置控制模块进行一轴或多轴驱动控制，并保持适当的速度和加速度，确保运动平滑。PLC 运动控制功能广泛地应用于各种机械装置，如金属切削机床、金属成型机床、装配机械、生产流水线、机器人和电梯等场合。特别是在机械加工行业，可编程控制器与计算机数控 (Computer Numerical Control，CNC) 集成在一起，高中档的 PLC 还开发了 NC 专用模块或运动模块，能够方便地实现点位控制、曲线插补，实现复杂的曲线运动控制，如机床的冲压、短削、磨削以及复杂零件的分段冲裁控制等。

7) 脉冲控制功能

PLC 可采用多种方式接收计数脉冲，频率高达几千至几万赫兹，部分 PLC 还具有脉冲输出功能，脉冲输出频率也可达几万赫兹。PLC 的脉冲控制功能配合其数据处理及运算能力，再借助相应的传感器或伺服装置 ( 如旋转编码器、环形分配器、步进电动机等 )，可实现步进或伺服传动控制。

8) 步序控制功能

PLC 为用户提供了若干个移位寄存器，用移位寄存器可方便地完成步序控制功能。在一道工序完成之后，可自动进入下一道工序；或一个工作周期结束后，自动进入下一个工作周期。一些 PLC 还专门设有步进控制指令，使得步进控制更为方便。步序控制功能可以应用在高炉上料系统、供电保护系统、货物存放与提取等。

9) 数据处理功能

现代的 PLC 具有数据处理功能，它能进行数学运算 ( 矩阵运算、函数运算、逻辑运算等 )、数据传递、数据转换、排序和查表、位操作等，还能完成数据采集、分析、处理。这些数据可以与存储在存储器中的参考值比较，完成一定的控制操作，也可以利用通信功能传送到别的智能装置，或将它们打印制表。数据处理一般用于大型控制系统，如无人控制的柔性制造系统；也可用于过程控制系统，如造纸、冶金、食品工业中的控制系统。

10) 通信和联网功能

新一代的 PLC 都具有网络通信功能。PLC 的通信包括 PLC 相互之间、PLC 与上位计算机、PLC 与各种智能仪表、PLC 与智能执行装置的通信。PLC 系统与通用计算机可以直接或通过通信处理单元、通信转接器相连构成网络，多台 PLC 可连接成远程控制系统，系统范围面可覆盖 10 km 或更大。联网可把成千上万台 PLC、计算机、智能装置等组织在一个网中，从而实现信息的交换，并可构成"集中管理，分散控制"的分布式控制系统，满足工厂自动化系统的发展要求。正是由于 PLC 的这种联网通信功能适应了当今计算机集成制造系统 (CIMS) 及智能化工厂发展的需要，因此它进一步成为了提高工业装备水平和技术能力的重要设备和强大支柱。

11) 监控功能

PLC 能对系统异常情况进行识别、记忆，或在发生异常情况时自动终止运行。操作员可以通过监控命令监视有关部分的运行状态，可以调整定时、定数等设定值。

## 3.4　可编程控制器的优势及发展方向

可编程控制器发明至今为工业自动化技术的发展提供了强大的助力，但是除了可编程控制器控制系统外，工业生产中还有众多的自动控制系统，如传统的继电器控制系统、工业控制计算机控制系统、单片机控制系统以及集散控制系统等，相比于众多的控制系统，可编程控制器控制系统有哪些优势呢？未来可编程控制器的发展方向又是怎样的呢？我们接下来进行分析学习。

### 3.4.1　可编程控制器的优势

#### 1. PLC 相对于传统继电器控制系统的优势

继电器控制是针对一定的生产机械和固定的生产工艺设计的，继电器控制系统是采用硬接线方式装配而成的，它需要使用大量的硬件控制电路来完成既定的逻辑控制、定时、记数等功能。以下几个方面的比较说明了 PLC 相对于传统继电器控制系统的优势。

1) 控制方式

继电器的控制是通过硬件接线组成的控制电路实现的，它利用继电器机械触点的串联或并联及延时继电器的滞后动作等组合形成控制逻辑且只能完成既定的逻辑控制。一旦系统设计制造完成，再想改变或增加功能将十分困难。此外，继电器触点数目有限，其灵活性和扩展性也很差。而 PLC 采用存储逻辑，其控制逻辑是以程序方式存储在内存中的，要改变控制逻辑，只需改变程序即可，故称软接线。由于其连线少、体积小，且 PLC 中每只软继电器的触点理论上可使用无限次，因此其灵活性和扩展性极佳。

2) 控制速度

继电器控制系统是依靠触点的机械动作实现控制的，其工作频率低，触点的开合动作一般在几十毫秒，此外机械触点还会出现抖动现象。而 PLC 是由程序指令控制半导体电路来实现控制的，速度极快，一般一条用户指令的执行时间在微秒数量级。PLC 内部还有严格的同步，不会出现抖动问题。

3) 延时控制

继电器控制系统是靠时间继电器的滞后动作实现延时控制的，但时间继电器的定时精度不高，易受环境温度和湿度的影响，调整时间困难。PLC 用半导体集成电路做定时器，时基脉冲由晶体振荡器产生，精度高，用户可根据需要在程序中设定定时值，定时精度小于 10 ms，定时时间不受环境影响。

4) 多种控制方式

继电器控制系统一般只能进行开关量的逻辑控制，且没有计数功能。PLC 除了能进行开关量的逻辑控制外，还能对模拟量进行控制，而且能完成多种复杂控制。

5) 设计与施工周期

用继电器实现一项控制工程，由于其设计、施工、调试必须依次进行，因此周期长，且修改困难，工程越大这一点就越突出。用 PLC 完成一项控制工程，在系统设计完成以后，现场施工和控制逻辑的设计可以同时进行，周期短，且调试和修改都很方便。

6) 可靠性和维护性

继电器控制系统使用了大量的机械触点，连线也多。由于触点的开闭会因电弧受到损坏，还有机械磨损，因此寿命短，可靠性和维护性都差。而 PLC 采用微电子技术，大量的开关动作由无触点的半导体电路来完成，因此寿命长，故障率低，可靠性高。又由于 PLC 具有完善的自检和监测功能，因此为现场调试和维护提供了方便。PLC 本身和外部的输入装置、执行机构发生故障时，可迅速地查明故障，更换模块，及时排除故障。

7) 体积、能耗

控制系统采用 PLC 可以减少大量的中间继电器和时间继电器，将开关柜的体积大大缩小。继电器控制系统的连线多而复杂，PLC 控制系统的配线长度与继电器控制系统的配线长度相比大为缩短，节省了配线和附件。另外，大量继电器在使用过程中会产生热与噪声，消耗大量电能，与继电器控制系统相比，PLC 是由大规模集成电路组成的，因此能耗大幅度降低。

### 2. PLC 相对于工业控制计算机的优势

工业控制计算机（简称工控机）是通用微型计算机为适应工业生产控制要求而发展起来的一种控制设备。其硬件结构方面总线标准化程度高、兼容性强，且软件资源丰富，特别是有实时操作系统的支持，故对要求快速、实时性强、模型复杂、计算工作量大的工业对象的控制具有优势。可编程控制器作为专门用于工业控制的计算机，与工控机有着相似的结构组成，但又与工控机有着许多差别，这主要是由于它采用了一些特殊的抗干扰技术，有着很强的接口能力，更能满足工业控制现场环境的需求。其优势具体体现在如下几个方面。

1) 应用范围

工控机除了用于控制领域外，其主要优势在于科学计算、数据处理和计算机通信等方面，而 PLC 则主要用于工业控制。

2) 使用环境

工控机对环境要求较高，一般要在干扰小、具有一定温度和湿度要求的机房内使用，而 PLC 适应于各种工业现场环境。

3) 输入和输出

工控机系统的 I/O 设备与主机之间采用微电联系，一般没有电气隔离，没有专用 I/O 接口，外部控制信号需经 A/D、D/A 转换后方可与微机相连。PLC 可直接处理工业现场的强电信号，控制强电设备，无须再做 A/D、D/A 转换。由于 PLC 内部有光 - 电耦合电路等抗干扰设计进行电气隔离，输出采用继电器、可控硅或大功率晶体管进行功率放大，因此可直接驱动执行机构。

4) 程序设计

工控机具有丰富的程序设计语言，用工控机控制生产工艺过程要求开发人员具有较高的计算机硬件、软件知识和软件编程的能力。由于 PLC 最初从针对工业控制中的顺序控制发展而来，其硬件专用性强，通用性和兼容性相对较差，因此很多优秀的微机软件不能直接使用，必须经过二次开发。但 PLC 有面向工程技术人员的梯形图语言和语句表，它易学易懂，便于推广应用。当今的 PLC 也具有了多种高级编程语言，能完成复杂的控制任务。

5) 系统功能

工控机系统配有强大的系统软件，并有丰富的应用软件，而 PLC 的软件系统则相对简单。随着计算机技术的发展，PLC 的各种应用软件也在不断完善和丰富，其还具有自诊断和监控功能。另外，现代 PLC 在模拟量信号处理、数值运算、实时控制等方面也有了很大提高。

6) 工作方式

工控机采用中断的工作方式，而 PLC 采用循环扫描及中断的工作方式。

7) 可靠性

工控机的抗干扰能力较差，虽然也能够在一些工业环境下可靠运行，但毕竟由通用机发展而来，特别是工控机用户程序必须考虑抗干扰问题，一般的编程人员很难考虑周全，要完全适应现场生产环境，还要做很多工作。而 PLC 是专为工业现场应用而设计的，结构上采用整体密封或插件组合，并在硬件设计上采取了一系列抗干扰措施。另一方面，PLC 用户程序是在 PLC 监控程序的基础上运行的，操作系统本身就采用了多种软件方面的抗干扰措施。总体而言，PLC 有着很强的抗干扰能力和很高的可靠性，能够长期连续在严酷的工业现场环境下运行。

8) 体积与结构

工控机结构松散、体积大、密封性差，而 PLC 结构紧凑、体积小，一般具有坚固密封的外壳。

由于 PLC 与工业控制计算机各具优势，因此在比较复杂的自动化控制系统中，常常将两者结合起来使用。工业自动化系统现场设备多采用 PLC，而工业控制计算机在信息处理方面具有优势，常用其作为上位机进行信息处理工作。

### 3. PLC 相对于单片机的优势

单片机具有结构简单、价格便宜、功耗低、功能强、性能价格比高、易于推广应用等优点，但其最大的优点是体积小，可放在仪表内部，一般用于数据采集、数据处理和工业控制，它在数据采集和数据处理方面优于 PLC。单片机可以根据具体控制系统的要求进行深层次的开发，可量身定制开发控制系统，而且可以将控制系统的体积做得很小。但它与 PLC 相比还有一些缺点。

(1) 单片机不如 PLC 容易掌握：单片机一般采用 C 语言或汇编语言，要求设计者具有一定的计算机硬件和软件知识。而 PLC 常用梯形图、指令表等编程语言，相对于 C 语言和汇编 PLC 使用的编程语言更容易掌握。

(2) 单片机不如 PLC 使用简单：用单片机来实现自动控制一般要在输入/输出接口上做大量的工作。例如，要考虑现场与单片机的连接、接口的扩展、输入/输出信号的处理、接口的工作方式等，其调试也比较麻烦。

(3) 单片机不如 PLC 可靠：用单片机进行工业控制，其突出问题在于其抗干扰能力差，可靠性低。

### 4. PLC 相对于集散控制系统的优势

集散控制系统 (DCS) 即分布式计算机控制系统，是由计算机技术、信号处理技术、测量控制技术、通信网络技术、CRT(Cathode Ray Tube) 阴极射线管显示器技术、信息技术、图形显示技术及人机接口技术等相互渗透、综合发展而产生的。DCS 系统具有通用性强、系统组态灵活、控制功能完善、数据处理方便、显示操作集中、人机界面友好、安装简单规范化、调试方便、运行安全可靠的特点，特别适合大规模生产过程和大型设备的管理、控制和操作。过去，由于 PLC 的功能比较简单，基本只用于离散系统的控制，过程控制领域一直由 DCS 统治。但是随着计算机技术和通信技术的迅猛发展，PLC 的功能不断丰富和强大，在一些过程控制领域，PLC 得到了广泛的应用，逐步蚕食着 DCS 的传统市场。相对于集散控制系统，PLC 的优势在于如下几点。

(1) PLC 是由继电器逻辑控制发展而来的，在开关量逻辑控制、顺序控制方面具有优势。集散控制系统由回路仪表控制发展而来，在模拟量处理、回路调节方面具有一定的优势。但两者的发展均与计算机控制技术密切相关。

(2) 随着计算机技术的发展，可编程控制器在初期逻辑运算功能的基础上增加了数值运算及闭环调节功能。随着运算速度的不断提高，控制规模和复杂度的不断增长，PLC 网络技术发展迅猛，以 PLC 为核心部件的分布式控制系统得到广泛应用。

(3) PLC 体积小，使用灵活，价格相对较低。DCS 的通信及管理能力较强，但体积大，价格相对较高，在大型、复杂的过程控制中占主导地位。

(4) PLC 与 DCS 在发展过程中互相渗透、互为补充，PLC 与 DCS 的差别逐渐减小，它们都能构成复杂的分布式计算机控制系统。

在如今的生产控制领域，可编程控制器与集散控制系统都有着十分广泛的应用，它们的优势各有不同，新型的 DCS 与新型的 PLC 都有向对方靠拢的趋势，PLC 与 DCS 相互渗透和融合的步伐越来越快。

可编程控制器的
发展方向

### 3.4.2 可编程控制器的发展方向

随着技术的发展和市场需求的增加，PLC 的结构和功能也在不断改进。各生产厂家不断推出 PLC 新产品，产品的集成度越来越高，工作速度越来越快，功能越来越强。总的来看，PLC 的发展主要集中在以下几个方向。

1) 向小型化、专用化、低成本方向发展

20 世纪 80 年代初，小型 PLC 在价格上还高于系统用的继电器控制装置。随着数字电路集成度的提升、元器件体积的减小、质量的提高，可编程控制器的结构更加紧凑，PLC 的设计制造水平也不断进步，新型器件的功能大幅度提高且降低了价格。

微型可编程控制器的体积虽小，功能却很强，过去一些大中型可编程控制器才有的功能 ( 如模拟量的处理、通信、PID 调节运算等 )，现在均可以移植到小型机上。

2) 向大容量、高速度方向发展

大中型可编程控制器正向着大容量、智能化和网络化方向发展，使其能与计算机组成集成控制系统，对大规模、复杂系统进行综合性的自动控制，大型可编程控制器大多采用多 CPU 结构，可同时进行多任务操作，大大提高了处理的速度。

3) 智能型 I/O 模块的发展

为了满足特殊功能的需要，各种智能模块层出不穷。智能模块是以微处理器为基础的功能部件，它们的 CPU 与 PLC 的 CPU 并行工作，占用主机 CPU 的时间很少，有利于提高 PLC 扫描速度和完成特殊的控制要求。智能模块主要有模拟量 I/O、PID 回路控制、各种通信控制、机械运动控制、高速计数输入等。智能 I/O 的应用使过程控制的功能和实时性大大增强。

4) 基于 PC 的编程软件取代编程器

随着计算机的日益普及，越来越多的用户开始使用基于个人计算机的编程软件。编程软件可以对 PLC 控制系统的硬件进行组态，即设置硬件的结构和参数，如设置各框架各个插槽上模块的型号、模块的参数、各串行通信接口的参数等。在屏幕上可以直接生成和编辑梯形图、语句表、功能块图和顺序功能图程序，并可以实现不同编程语言的相互转换。程序可以被编译下载到 PLC，PLC 也可以将用户程序上传到计算机。程序也可以存盘或打印，通过网络或 Modem 卡还可以实现远程操作。

PLC 编程软件的调试和监控功能远远超过手持式编程器，如在调试时可以设置执行用户程序的扫描次数。此外，有的编程软件可以在调试程序时设置断点，有的具有跟踪功能，用户可以周期性地选择保存若干编程元件的历史数据，并可以将数据上传后存为文件。

5) PLC 编程语言的标准化

与个人计算机相比，PLC 的硬件、软件的体系结构都是封闭的而不是开放的。在硬件方面各厂家的 CPU 模块和 I/O 模块互不通用，PLC 的编程语言和指令系统的功能和表达方式也不一致，因此各厂家的可编程控制器互不兼容。为了解决这一问题，国际电工委员会（简称 IEC）制定了可编程控制器标准（简称 IEC1131），其中的第 3 部分 (IEC1131-3) 是 PLC 的编程语言标准。标准中共有五种编程语言，其中的顺序功能图（后文称 SFC）是一种结构块控制程序流程图，梯形图和功能块图是两种图形语言，语句表和结构文本是两种文字语言。除了提供几种编程语言供用户选择外，标准还允许编程者在同一程序中使用多种编程语言，这使编程者能够选择不同的语言来适应不同的工作。随着 PLC 功能的增强，各种符合 IEC1131 标准的编程语言将更多地得到应用。

6) 通信联网能力增强

可编程控制器的通信联网功能使可编程控制器与个人计算机之间以及与其他智能控制设备之间可以交换数字信息，形成一个统一的整体，实现分散控制和集中管理。可编程控制器通过双绞线、同轴电缆或光纤联网，可以将信息传送到几十千米远的地方。可编程控制器网络大多是各厂家专用的，但是它们可以通过主机与遵循标准通信协议的大网络联网。

西门子公司的可编程控制器可以通过 SINEC H1、SINEC L2(Profibus) 或 SINEC Ll 进行通信。SINEC H1 是一种符合 IEEE802.3 标准的以太网，可连接 1024 个节点，传输距离为 4.6 km，传输速率为 10 MB/s。SINEC Ll 是一种速度较低的廉价网络。在网络中，个人计算机、图形工作站、小型机等可以作为监控站或工作站，它们能够提供屏幕显示、数据采集、分析整理、记录保持和回路面板等功能。而三菱公司的 FX2 系列可编程控制器能够连接到世界上最流行的开放式网络 CC-Link、Profibus Dp、DeviceNet，或者采用传感器层次的网络，以满足用户的通信需求。

7) 编程组态软件发展迅速

个人计算机（简称 PC）的价格便宜，有很强的数学运算、数据处理、通信和人机交互的功能。过去个人计算机主要用作 PLC、操作站或人机接口终端，工业控制现场一般使用工业控制计算机（简称 IPC），这样相应地出现了应用于工业控制系统的组态软件，利用这些软件可以方便地进行工业控制流程的实时和动态监控，控制和管理生产线、生产车间甚至整个工厂，完成报警、历史趋势图监控和各种复杂的控制功能，同时节约控制系统的设计时间，提高系统的可靠性，实现自动化工厂的全面要求。

8) 与现场总线相结合

现场总线是连接智能现场设备和自动化系统的数字式、双向传输、多分支结构的通信网络，它是当前工业自动化的热点之一。现场总线以开放的、独立的、全数字化的双向多变信代替号 0～20 mA 或 4～20 mA 现场电动仪表信号。现场总线 I/O 集检测、数据处理、通信于一体，可以代替变送器、调节器、记录仪等模拟仪表，它接线简单，只需一根电缆，从主机开始，沿数据链从一个现场总线 I/O 连接到下一个现场总线 I/O。使用现场总线后，操作员可以在中央控制室实现远程监控，对现场设备进行参数调整，还可以通过现场设备的自诊断功能预测故障和寻找故障点。

　　可编程控制器与现场总线相结合可以组成价格便宜、功能强大的分布式控制系统。由于历史原因，现在有多种现场总线标准并存，包括基金会现场总线协议、过程现场总线协议、局域操作网络协议、控制器局域网络协议、可寻址远程变送器数据通道协议。一些主要的可编程控制器厂家将现场总线作为可编程控制器控制系统中的底层网络，这样就能与其他厂家支持此类总线通信协议的设备 ( 如传感器、执行器、变送器、驱动器、数控装置和个人计算机等 ) 实现通信。

# 课 后 习 题

　　1. 可编程控制器是如何产生的？
　　2. 整体式 PLC 与模板式 PLC 各有什么特点？
　　3. 可编程控制器如何分类？
　　4. 列举可编程控制器可能应用的场合。
　　5. 说明可编程控制器的发展趋势是什么。

# 第4章

# 可编程控制器的组成和工作原理

可编程控制器 (PLC) 是微机技术和继电器常规控制技术相结合的产物。本章主要学习可编程控制器的结构组成，主要包括硬件系统组成和软件系统组成。同时分析学习可编程控制器的工作原理，为后续的学习打好理论基础。

## 4.1 可编程控制器的基本结构

从广义上讲，PLC 是一种计算机控制系统，只是它比一般计算机具有更强的与工业现场设备相连接的接口和更直接的适用于控制要求的编程语言，具有更适应工业环境的抗干扰性能。因此，PLC 是一种工业控制用的专用计算机，它的实际组成与一般微型计算机系统基本相同，也是由硬件系统和软件系统两大部分组成的。

### 4.1.1 可编程控制器的硬件系统

整体式 PLC 的基本结构如图 4-1 所示。整体式 PLC 将中央处理器 (CPU)、存储器、输入接口、输出接口、I/O 扩展接口、通信接口和电源等组装在一个机箱内构成主机。用户通过按钮等开关设备或各种传感器就能够将开关量或模拟量由输入接口输入主机存储器的输入映像寄存区，而后经过运算或处理得到的开关量或模拟量的控制信号经由输出接口输

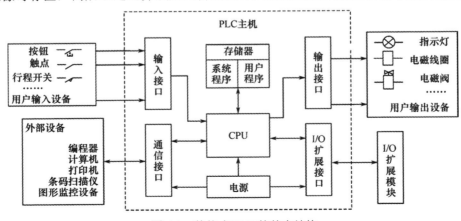

图 4-1 整体式 PLC 的基本结构

出到用户的被控设备，最后配合编程器就组成了最小的 PLC 控制系统。当本机的 I/O 点数不够时，可以连接扩展 I/O 接口，但能够扩展的模块的数量是很有限的。

模块式 PLC 的基本结构如图 4-2 所示。模块式的 PLC 是将整体式 PLC 主机内的各个部分制成单独的模块，如 CPU 模块、输入模块、输出模块、通信模块、各种智能模块及电源模块等。这些模块通过总线连接，安装在基架或导轨上。由此可见，模块式 PLC 比整体式 PLC 配置更加灵活，输入和输出的点数能够自由选择。

总之，整体式 PLC 和模块式 PLC 虽然基本结构有所不同，但其基本组成部分是相同的，下面就分别简单介绍 PLC 的各个组成部分。

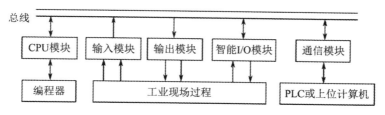

图 4-2 模块式 PLC 的基本结构

### 1. 中央处理器 (CPU)

与普通的计算机控制系统一样，CPU 是整个 PLC 系统的核心，其功能是读入现场状态、控制信息存储、解读和执行用户程序、输出运算结果、执行系统自诊断程序以及与计算机等外部设备通信。PLC 中所配置的 CPU 随机型不同而不同，常用的有通用微处理器、单片式微处理器和位片式微处理器三类。

CPU 按 PLC 中系统程序赋予它的功能指挥 PLC 有条不紊地进行工作，其主要任务有：

(1) 控制从编程器键入的用户程序和数据的接收与存储；

(2) 用扫描的方式通过 I/O 部件接收现场的状态或数据，并存入输入状态表或数据存储器中；

(3) 诊断电源、PLC 内部电路的工作故障和编程中的语法错误等；

(4) 进入运行状态后，从存储器逐条读取用户指令，经过命令解释后按指令规定的任务进行数据传送、逻辑运算或算术运算等；

(5) PLC 根据运算结果更新有关标志位的状态和输出寄存器表的内容，再经由输出部件实现输出控制、制表打印或数据通信等功能。

目前，小型 PLC 为单 CPU 系统，而中型及大型 PLC 则为双 CPU 甚至多 CPU 系统。对于双 CPU 来说，一般具有一个位处理器和一个字处理器，字处理器是控制系统的核心，常由通用的 8 位、16 位或 32 位微处理器担任，如 Z80、8085、MCS-51 等。字处理器执行所有的编程器接口功能，监视内部定时器和扫描时间，处理字节指令，以及对系统总线和位处理器进行控制等。位处理器在有的系统中也称为布尔处理器，如美国 TI 公司的 TI-530等，位处理器采用半用户设计的专用芯片来实现，不仅使 PLC 增加了功能，提高了速度，也加强了 PLC 的保密性能。PLC 中位处理器的主要作用有两个：一是直接处理一些位指令，从而提高位指令的处理速度，减少位指令对字处理器的压力；二是将 PLC 面向工程技术人员的编程语言 (梯形图、控制系统流程图等) 转换成机器语言。

2. 输入模块

输入 / 输出模块通常也称为 I/O 单元或 I/O 部件，输入模块是可编程控制器与工业生产现场控制或检测元件之间的连接部件，是现场信号进入 PLC 的桥梁，现场信号通过输入接口电路转换成 CPU 能够接收和处理的信号。PLC 通过输入模块可以检测被控对象的各种数据，以这些数据作为 PLC 对被控制对象进行控制的依据。同时，PLC 又通过输出模块将处理结果传送给被控制对象，以实现预定的控制目的。

输入模块接收由主令电器传递的信号。主令电器是自动控制系统中用于发送和转移控制命令，直接或通过电磁式电器间接作用于控制电路的电器。主令电器常用来控制电力拖动系统中电动机的起动、停车、调速及制动等。常见的主令电器包括按钮、行程开关、接近开关、光电开关以及主令控制器等。

输入模块的输入方式有两种，一种是数字量输入 ( 也称为开关量或接点输入 )，另一种是模拟量输入 ( 也称为电平输入 )。后者要经过模拟 / 数字变换模块将输入信号传入可编程控制器。

PLC 的输入模块一般带有光电耦合电路，其目的是把可编程控制器与外部电路隔离开来，以提高可编程控制器的抗干扰能力。为了方便与现场信号连接，输入模块上设有输入接线端子排。为了滤除信号的噪声和便于 PLC 内部对信号的处理，输入模块还设计有滤波、电平转换、信号锁存等电路。

数字量输入模块 (DI) 的作用是接收现场输入电器的数字量输入信号、隔离并通过电平转换成 PLC 所需的标准信号，如图 4-3、图 4-4 所示。图中 M、N 分别为直流和交流输入模块的同一组的各输入信号的公共点。根据电源不同，输入模块分为以下几种形式：

(1) 直流输入模块——外接直流 12 V、24 V、48 V 电源；

(2) 交流输入模块——外接交流 110 V、220 V 电源；

(3) 交、直流输入模块——外接交直流电源，即交、直流电源都能用；

(4) 无源输入模块 ( 干接触型 )——由 PLC 内部提供电源，无需外接电源。

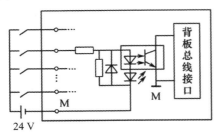
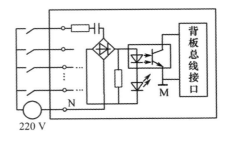

图 4-3　数字量直流输入模块　　　　　图 4-4　数字量交流输入模块

模拟量输入模块 (AI) 是 PLC 控制系统中另外一种重要的输入模块，模拟量输入模块主要用于接收控制系统中的模拟量信号，常用的温度、压力、速度、流量、酸碱、位移等各种工业检测都是对应于电压、电流的模拟量值。模拟量输入电平大多是从传感器通过变换后得到的。PLC 模拟量的输入信号一般为 4～20 mA 的电流信号或 1～5 V、−10～10 V、0～10 V 的直流电压信号。模拟量输入模块将其转换为 8 位、10 位、12 位或 16 位等精度的数字量信号并传送给 PLC 进行处理，因此模拟量输入模块又叫 A/D 转换输入模块，其原理框图如图 4-5 所示。

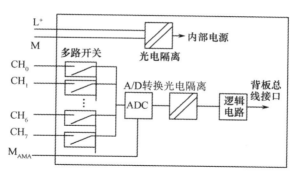

图 4-5　模拟量输入模块原理框图

### 3. 输出模块

输出模块也是 PLC 与现场设备之间的连接部件，它向被控对象的各种执行元件输出控制信号，其功能是控制现场设备进行工作 ( 如电机的启、停、正转、反转；阀门的开和关；设备的转动、移动、升降；负载执行器的控制电流或控制电压调节等 )，常用执行元件有接触器、电磁阀、调节阀、电机调速装置、指示灯、数字显示装置和报警装置等。

PLC 的输出接口电路一般由微电脑输出接口电路和功率放大电路组成，与输入接口电路类似，内部电路与输出接口电路之间采用光电耦合器进行抗干扰电隔离，输出接口一般带有过载保护和内部保护电路，用来保护电路瞬间过载或负载极性接反。为了适应工业控制要求，输出接口电路将 CPU 送出的弱电控制信号转换成现场需要的强电信号输出，以驱动电磁阀、接触器等被控设备的执行元件。

输出模块的输出方式有两种，一种是数字量输出 ( 开关量输出 )，另一种是模拟量输出 ( 电流或电压输出 )。

PLC 的数字量输出模块有继电器输出、晶体管输出以及双向晶闸管输出，它们的基本原理电路分别如图 4-6、图 4-7、图 4-8 所示。三种数字量输出模块的特点如下：

(1) 继电器输出 ( 交、直流输出模块 )：输出电流大 (3～5 A)，交、直流两用，适应性强，但动作慢 (10～12 ms)，工作频率低；

(2) 晶体管输出 ( 直流输出模块 )：外接直流电源，动作快 (≤2 ms)，工作频率高，输出电流小 (≤1 A)；

(3) 双向晶闸管或固态继电器输出 ( 交流输出模块 )：外接交流电源，输出电流较大，动作快，工作频率高。

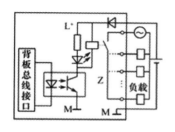

图 4-6　继电器输出模块

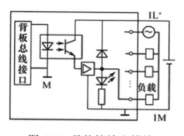

图 4-7　晶体管输出模块

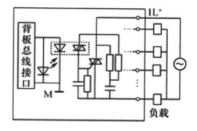

图 4-8　双向晶闸管输出模块

模拟量输出模块是将中央处理器的二进制数字信号转换成 4～20 mA 的电流输出信号或 0～10 V、1～5 V 的电压输出信号，提供给执行机构，满足生产现场连续信号的控制要求。

模拟量输出单元一般由光耦合器隔离、D/A 转换器和信号转换等部分组成，其原理框图如图 4-9 所示。

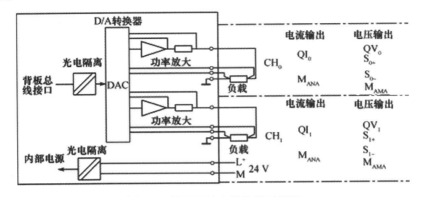

图 4-9　模拟量输出模块原理框图

模拟量输出模块为负载执行器提供控制电流或控制电压。若使用电压输出，则输出模块与负载的连接一般采用四线制接线；若使用电流输出，则输出模块与负载的连接只能采用两线制接线。

### 4. 存储器

可编程控制器的存储器按照读写操作方式可以分为两种：一种是可读/写操作的随机存储器 RAM，另一种是只读存储器，主要包括 ROM( 只读存储器 )、PROM( 可编程只读存储器 )、EPROM( 可擦写只读存储器 ) 和 EEPROM( 电可擦写只读存储器 )。只读存储器 ROM 在使用过程中只能读取不能存储，而随机存储器 RAM 在使用过程中能随时读取和存储。

在可编程控制器中，与普通计算机系统的存储器功能相似，可编程控制器的存储器也是用来存储系统和用户的程序与数据的。系统程序存储器是指用来存放系统管理、用户指令解释、标准程序模块、系统调用等程序的存储器；用户存储器用来存储用户编制的程序或用户数据，常使用随机存储器 RAM 或电可擦写只读存储器 EEPROM，为防止掉电时信息的丢失，用户存储器要有后备电池做保护；工作数据存储器是用来存放工作数据的存储器区域，工作数据是随着程序的运行和控制过程的进行而随机变化的，因此这种存储器也采用 RAM 和 EEPROM 存储器。

### 5. 电源

可编程控制器的电源是整个 PLC 系统的能源供给中心，电源将外部输入的交流电处理后转换成满足可编程控制器的 CPU、存储器、输入/输出接口等内部电路工作需要的直流电源电路或电源模块。可编程控制器的外部工作电源一般为单相 85～260 V、50/60 Hz 的交流电源，也有采用 24～26 V 的直流电源的。使用单相交流电源的可编程控制器往往还能同时提供 24 V 的直流电源供直流输入使用。PLC 对其外部工作电源的稳定度要求不高，一般可允许 ±15% 左右的浮动。对于在可编程控制器的输出端子上接的负载所需的工作电源，必须由用户提供。

可编程控制器大都采用高质量的工作稳定性好、抗干扰能力强的直流开关稳压电源，许多 PLC 电源还可向外部提供直流 24 V 稳压电源，用于向输入接口上接入的电气元件提供标准电源，从而简化外围配置。可编程控制器的内部电源系统一般有三类：一类是供

PLC 中的 TTL 芯片和集成运算放大器使用的基本电源 (+5 V 和 ±15 V 直流电源 )；第二类是供输出接口使用的高压大电流的功率电源；第三类是锂电池及其充电电源。考虑到系统的可靠性及光电隔离器的使用，不同类电源具有不同的地线。此外，根据可编程控制器的规模及所允许扩展的接口模板数，各种可编程控制器的电源种类和容量往往是不同的。

### 6. 通信接口

在可编程控制器控制系统中，为了实现人机交互或设备之间的数据传输，PLC 配有多种通信接口，这些通信接口一般都带有通信处理器。PLC 通过这些通信接口可以与触摸屏、计算机、其他外围设备以及其他的控制系统实现数据交互，用于对设备和生产过程进行监视和控制。

当可编程控制器与触摸屏相连时，可将过程图像显示出来，同时可以通过触摸屏按钮向控制系统发送控制指令；与计算机相连时，可以组成多级控制系统，实现控制与管理相结合的综合应用；与其他设备或控制系统 PLC 相连时，可以组成多机系统或连成网络，实现更大规模的控制。另外，远程 I/O 系统也配备了相应的通信接口模块。

可编程控制器主要采用串行异步通信，常用的串行通信接口有 RS-232、RS-422 和 RS-485 等。此外，在 PLC 组成的工业控制网络中，PLC 还配备有与各种控制网络相应的 Can、Profilbus、Ethernet、Profinet 等接口。

### 7. I/O 扩展接口与智能 I/O 接口

I/O 扩展接口是 PLC 主机为了弥补原系统中 I/O 点有限而设置的，用于扩展输入 / 输出点数。当用户的 PLC 控制系统所需的输入 / 输出点数超过主机的输入 / 输出点数时，就要通过 I/O 扩展接口将主机与 I/O 扩展单元连接起来。I/O 扩展接口有并行接口、串行接口等多种形式。

为了满足更加复杂的控制功能的需要，PLC 还可能配有多种智能 I/O 接口。例如，满足位置调节需要的位置闭环控制模块、运动控制模块、中断控制模块、对高速脉冲进行计数和处理的高速计数模块等。智能接口模块是独立的计算机系统，这类智能模块都有其自身的处理器系统，它有自己的 CPU、系统程序、存储器以及与 PLC 系统总线相连的接口，它作为 PLC 系统的一个模块，通过总线与 PLC 相连，进行数据交换，并在 PLC 的协调管理下独立地进行工作，从而分担 PLC 主 CPU 的工作，使得主 CPU 处理其他工作能够更加快速。

## 4.1.2　可编程控制器的软件系统

可编程控制器在本质上就是应用在工业控制领域的微型计算机，而对于一台计算机而言，软件是必不可缺的重要组成部分。一般情况下，我们可以把可编程控制器的软件分为系统软件和应用软件。

### 1. 系统软件

可编程控制器的系统软件一般指的是可编程控制器的系统监控程序，也有人称之为可编程控制器的操作系统。它是每台可编程控制器必不可少的组成部分，没有操作系统的 PLC 是没有办法完成控制任务的，一般情况下，可编程控制器的操作系统对用户是不开放的，也就是不允许用户修改。

可编程控制器的操作系统由其制造企业编制，固化在 PROM 或 EPROM 中，随产品提供给用户。系统程序包括系统管理程序、用户指令解释程序和系统调用的标准程序模块及系统调用程序等。系统管理程序主要负责程序运行中各环节的时间分配、用户程序存储空间的分配管理、系统自检等；用户指令解释程序可将用户用各种编程语言（梯形图、指令语句表等）编制的一条条应程序翻译成 CPU 能执行的一串串机器语言；系统调用的标准程序模块由许多独立的程序块组成，各自完成包括输入、输出、特殊运算等不同的功能，可编程控制器的各种具体工作都由这部分程序来完成；系统调用程序的主要功能是调用系统标准程序模块或子程序。

整个可编程控制器的操作系统是一个整体，其质量的好坏很大程度上决定了可编程控制器的性能高低。如果能够改进可编程控制器的操作系统，就可以在不增加任何硬件设备的条件下大大改善可编程控制器的性能。

### 2. 应用软件

可编程控制器的应用软件是指用户根据设备的控制要求编写的用户程序。由于可编程控制器的应用场合大多是工业现场，用户主要是电气工程师，因此其编程语言与通用的计算机相比具有独特的特点。它有别于高级语言，也区别于汇编语言，它既要满足工业现场易于编写和易于调试的要求，还要考虑现场电气工程师的应用习惯。因此，可编程控制器通常使用梯形图语言或指令表语言。为满足各种不同形式的编程需要，根据不同的编程器和支持软件，可以采用梯形图、指令语句表、逻辑功能图、顺序功能图、流程图及高级语言进行编程。

用户程序一般由主程序、子程序和中断程序三个基本元素组成。其中，主程序是程序的主体部分，由许多指令组成，主程序中的指令按顺序在 CPU 的每个扫描周期执行一次。子程序是程序的可选部分，只有当主程序调用它们时才被执行。中断程序也是程序的可选部分，只有当编辑中断且对应中断事件发生时才能被执行。

## 4.2    可编程控制器的工作原理

继电器控制系统是一种"硬件逻辑系统"，它所采用的是并行工作方式，在这种工作方式下，条件一旦形成，则多条支路可以同时动作。可编程控制器是在继电器控制系统逻辑关系基础上发展演变而来的，本质上可编程控制器就是一种专用的工业控制计算机，因此其工作原理建立在计算机控制系统的工作原理基础上。为了可靠地应用在工业环境下，便于现场电气技术人员的使用和维护，它有着大量的接口器件、特定的监控软件和专用的编程器件。所以，不但其外观不像计算机，它的操作使用方法、编程语言及工

可编程控制器
工作原理

作过程与计算机控制系统也是有区别的。

### 1. 可编程控制器的工作原理

可编程控制器虽然具有许多微型计算机的特点，但它的工作原理却与微型计算机有很多不同。可编程控制器的工作原理有两个显著特点：一个是周期性顺序扫描，一个是信号集中批处理。PLC 通电后，需要对软件、硬件都做一些初始化工作。为了使 PLC 的输出及时地响应各种输入信号，初始化后需要反复不停地分步处理各种不同的任务，这种周而复始的循环工作方式称为周期性顺序扫描工作方式。PLC 在运行过程中总是处在不断循

环的顺序扫描中，每次扫描所用的时间称为扫描时间，又称为扫描周期或工作周期。由于PLC 的 I/O 点数较多，采用集中批处理的方法可简化操作过程，便于控制，提高系统可靠性。因此，PLC 的另一个主要特点就是对输入采样、用户程序执行、输出刷新实施集中批处理。

在 PLC 启动后，首先要进行的就是初始化工作，这一过程包括对工作内存初始化，即复位所有的定时器，将输入、输出继电器清零，检查 I/O 单元是否完好，如发现异常则发出报警信号。初始化之后，就进入周期性扫描过程。小型 PLC 的工作流程如图 4-10 所示。

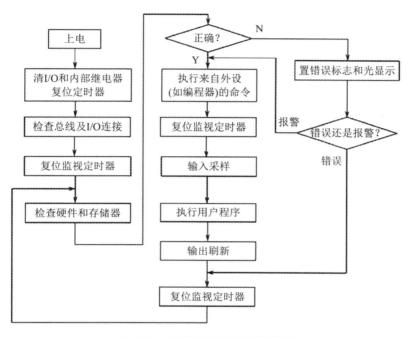

图 4-10　小型 PLC 的工作流程图

作为用户，我们关注的是怎样使用 PLC 以及 PLC 怎样完成我们的控制要求，所以在这里暂不分析初始化过程，而只关注程序处理过程。在 PLC 的每一个循环扫描周期中都包括输入刷新、程序执行、输出刷新三个阶段，如图 4-11 所示。这三个阶段是 PLC 工作过程的中心内容，学习理解 PLC 工作过程的这三个阶段是学习好 PLC 的基础，下面我们就详细分析这三个阶段。

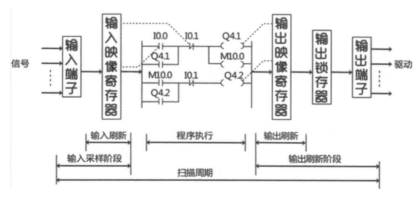

图 4-11　PLC 的循环扫描工作过程

1) 输入刷新

在输入刷新阶段，PLC 以扫描的方式顺序读入所有输入端子的状态，并将此状态存入锁存器。如果输入端子上外接电器的触点闭合，则锁存器中与端子编号相同的那一位就置 1，否则为 0。把输入各端子的状态全部扫描完毕后，PLC 将输入锁存器的内容输入到输入映像寄存器中。输入映像寄存器中的内容则直接反映了各输入端子此刻的状态。这一过程就是输入刷新阶段。输入数据输入到输入映像寄存器，标志着输入刷新阶段的结束。PLC 接着进入程序执行阶段，在用户程序执行和输出刷新期间，输入端子与输入锁存器之间的联系被中断，在下一个扫描周期的输入刷新阶段到来之前，无论输入端子的状态如何变化，输入锁存器的内容都始终保持不变，

2) 程序执行

输入刷新阶段结束后，PLC 进入程序执行阶段。在程序执行阶段，PLC 总是按照自上而下、自左向右的顺序依次执行用户程序的每条指令。从输入映像寄存器中读取输入端子和内部元件寄存器的状态，按照控制程序的要求进行逻辑运算和算术运算，并将运算的结果写入输出映像寄存器中，如果此时程序运行过程中需要读入某输出状态或中间状态，则会从输出映像寄存器中读入，然后进行逻辑运算，运算后的结果再存入输出映像寄存器中。对于每个元件，反映各输出元件状态的输出映像寄存器中所存储的内容会随着程序的执行而发生变化，当所有程序都执行完毕后，输出映像寄存器中的内容也就固定下来了。

3) 输出刷新

当用户程序的所有指令都执行完后，PLC 就进入输出刷新阶段。输出刷新阶段将输出映像寄存器中的内容存入输出锁存器后，再驱动外部设备工作。与输入刷新阶段一样，PLC 对所有外部信号的输出是统一进行的。在程序执行阶段，如果输出映像寄存器的内容发生改变，将不会影响外部设备的工作，直到输出刷新阶段将输出映像寄存器的内容集中送出，外部设备的状态才会发生相应的改变。

由 PLC 的工作过程可以看出，在输入刷新期间，如果输入变量的状态发生变化，则在本次扫描过程中改变的状态会被扫描到输入映像寄存器中，在 PLC 的输出端也会发生相应的变化，如果变量的状态变化不是发生在输入刷新阶段，则在本次扫描期间 PLC 的输出保持不变，等到下一次扫描后输出才会发生变化。也就是说，只有在输入刷新阶段输入信号才会被采集到输入映像寄存器中，其他时刻输入信号的变化不会影响输入映像寄存器中的内容。

通过对 PLC 的用户程序执行过程的分析，可以总结出 PLC 对输入/输出的处理规则：

(1) 输入映像寄存器中的数据，是在输入采样阶段扫描到的现场输入信号的状态，并集中写入到输入映像寄存器中的数据，在本扫描周期中，它不随外部输入信号的变化而变化。

(2) 输出映像寄存器（它包含在元件映像寄存器中）的状态是由用户程序中输出指令的执行结果来决定的。

(3) 输出锁存器中的数据是在输出刷新阶段从输出映像寄存器集中写入的。

(4) 输出端子的输出状态是由输出锁存器中的数据确定的。

(5) 执行用户程序时所需的输入、输出状态是从输入映像寄存器和输出映像寄存器中读出的。

**2. 可编程控制器的扫描周期及滞后响应**

由于 PLC 采用循环扫描的工作方式，并且对输入、输出信号只在每个扫描周期的输入采集和输出刷新阶段集中输入和集中输出，因此必然会产生输出信号相对输入信号的滞后现象，扫描周期越长，滞后现象就越严重。这种输出对输入在时间上的滞后现象，严格地说，影响了控制的实时性，但对于一般的工业控制来说，这种滞后是完全允许的。如果需要快速，可选用快速响应模块、高速计数模块或采用中断处理功能来缩短滞后时间。影响响应时间的因素主要包括以下几个。

(1) 输入滤波器的时间常数 ( 输入延迟 )。因为 PLC 的输入滤波器是一个积分环节，因此输入滤波器的输出电压相对现场实际输入元件的变化信号会有一个时间延迟，这就导致了实际输入信号在进入输入映像寄存器前就有一个滞后时间。另外，如果输入导线很长，那么由于分布参数的影响会产生一个类似滤波器的效果。在对实时性要求很高的情况下，可考虑采用快速响应输入模块。

(2) 输出继电器的机械滞后 ( 输出延迟 )。PLC 的数字量输出经常采用继电器触点的形式，继电器固有的动作时间导致电器的实际动作相对线圈的输入电压有滞后效应。为了减少滞后时间可以采用双向可控硅或晶体管的输出方式。

(3) PLC 的循环扫描工作方式。PLC 的工作方式决定了存在时间延迟，要减少程序扫描时间，就必须优化程序结构。

(4) PLC 对输入采样、输出刷新的集中批处理方式。这也是由 PLC 的工作方式决定的。为加快响应，目前有的 PLC 的工作方式采取直接控制方式，这种工作方式的特点是遇到输入便立即读取进行处理，遇到输出则把结果予以输出。另外，还有的 PLC 采取混合工作方式，这种工作方式的特点是它只是在输入刷新阶段进行集中读取 ( 批处理 )，而在程序执行阶段遇到输出便直接输出。这种方式由于对输入采用的是集中读取，因此在一个扫描周期内，同一个输入即使在程序中多处出现，也不会像直接控制方式那样可能出现不同的值；又由于这种方式的程序执行与输出采用直接控制方式，因此它又具有直接控制方式输出响应快的优点。

(5) 用户程序中语句顺序安排不当。用户程序中语句顺序安排不当也可能导致响应滞后。因此，在编写控制程序时要注意可能导致响应滞后的程序结构，尽量避免因为程序结构不当造成响应滞后。

## 4.3　可编程控制器的编程语言及程序结构

可编程控制器功能强大，应用广泛，在了解了其基本结构和工作原理后，我们该如何使用可编程控制器呢？可编程控制器能识别的程序语言是什么格式的？程序结构又有什么要求呢？接下来的章节我们将学习菲尼克斯品牌可编程控制器的编程语言及程序结构。

### 4.3.1　可编程控制器的编程语言

可编程控制器通常使用梯形图语言，又叫继电器语言，也有人称其为电工语言。另外，为了满足各种不同形式的编程需要，根据不同的编程器所支持的软件，还可以采用指令表、功能块图、顺序功能图、结构文本以及高级语言等进行编程。菲尼克斯 PLC 控制器所使用的编程软件 PLCnext Engineer 支持五大标准编程语言，分别是梯形图 (LAD)、功能块图 (FBD)、结构文本 (ST)、指令表 (STL) 和顺序功能图 (SFC)。

### 1. 梯形图 (LAD)

梯形图是一种图形化的编程语言，是在传统的继电器 - 接触器控制线路原理图的基础上演变而来的，是目前使用最普遍的一种 PLC 编程语言。PLC 的梯形图与继电器 - 接触器控制系统的线路图的基本思想是一致的，只是在使用符号和表达方式上有一定的区别，而且各个厂家 PLC 的梯形图的符号也存在差别，但总体来说大同小异。

梯形图与继电器 - 接触器控制线路形式上很相似，但是梯形图上的触点不是常规意义上的触点，而是 PLC 内部的软继电器的触点。所谓软继电器，实质上是内部存储器存储一位二进制数码的存储单元，当存储值为 1 时，表示线圈"通电"，否则表示"断电"。而软继电器的触点的数量是无限的，每使用一次触点就相当于读取一次存储单元的状态。这些软继电器常常被称为编程元件。梯形图语言简单明了，易于理解，且与继电器线路非常相似，尤其对有一定继电器控制基础的工程技术人员来说，梯形图是编程语言的首选。

梯形图左边垂直的信号线称作母线，可以不断地提供动力。右边分支出来的直线称作指令线，通向右边指令的条件随着指令线一起储存，右边的指令何时执行和怎样执行由这些条件的逻辑组合来决定，在最右边的元件叫作线圈 ( 可以外接各种执行元件，如指示灯、电动机、继电器等 )。梯形图由两部分组成，左边的部分控制逻辑条件，右边的部分由指令组成。当条件满足时，执行指令。梯形图的基本形式如图 4-12 所示。

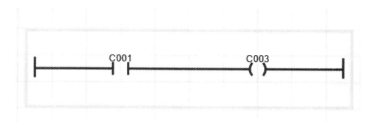

图 4-12　梯形图的基本形式

梯形图的每个梯形图网络由多个梯级组成，每个输出元素可构成一个梯级，每个梯级可以由多条支路组成，输出线圈不能直接与左侧母线连接。在一行或一组指令中，每一条指令的输出信号都被作为其右边一条指令是否执行的条件，直到到达最右侧为止，然后扫描下一行或下一组指令；在一行或一组指令中，如果扫描出任一条指令的条件不满足，则不再向右扫描，原输出信号不变，立即转向另一行或另一组指令执行。这种结构给程序设计中的判断和分支操作提供了极大的方便。

### 2. 功能块图 (FBD)

功能块图编程语言是使用类似数字电路中的逻辑门电路形式的一种 PLC 图形编程语言。它没有梯形图中的触点和线圈，但有与之等价的指令，由各种方框图表达运算功能。FBD 编程语言有利于程序流的跟踪，但在目前使用较少。功能块图的基本形式如图 4-13 所示。

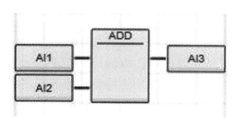

图 4-13　功能块图的基本形式

### 3. 结构文本 (ST)

结构文本编程语言是一种专门为工业控制应用而开发的编程语言，其优势在于它的简洁性。结构文本比高级语言简单易学，比梯形图或指令表的编程效率更高。ST 编程语言中的许多指令和用法与 Basic 编程语言近似。例如，其表达式由操作符和操作数组成，操作数可以是常量、变量、调用函数或其他表达式；赋值指令通过一个表达式或一个数值给变量赋值，赋值语句包括位于左边的变量、赋值操作符 ":=" 以及要赋值给变量的表达式或数值。所有的语句，包括赋值语句，必须要以分号 ";" 结尾。结构文本的基本形式如图 4-14 所示。结构文本编程指令主要包括逻辑指令、基本算术指令、比较指令、条件判别指令、循环指令等。

图 4-14　结构文本的基本形式

### 4. 指令表 (STL)

指令表 (STL) 编程语言类似计算机中的助记符语言，它是可编程控制器最基础的编程语言。有些小型 PLC 只能通过指令表来输入程序并监控程序的运行。各厂家的指令表语言不相同，但是大多是形式和结构上的不同，功能大同小异。

### 5. 顺序功能图 (SFC)

SFC 是一种通过交互方式描述 PLC 或可编程控制器流程的图形化语言。它能够将复杂的过程和状态展现为状态流程图，可以非常方便地实现程序的模块化设计，使得大型程序更容易维护和创建。对于在工厂中做工艺设计的人来说，用这种方法编程不需要很多的电气知识，非常方便。不少 PLC 的新产品拥有顺序功能图编程方式，有的公司已生产出系列的、可供不同 PLC 使用的 SFC 编程器，原来十几页的梯形图程序，SFC 只用一页就可以完成。这种编程语言最适合从事工艺设计的工程技术人员，是一种效果显著、深受欢迎的编程语言。

对于菲尼克斯 PLC 控制器所使用的编程软件 PLCnext Engineer，梯形图、功能块图以及结构文本三种编程语言是免授权使用的，指令表和顺序功能图语言的使用需要另外的授权。

目前一些大型 PLC 中，为了完成一些较为复杂的控制，采用功能很强的微处理器和大容量存储器，将逻辑控制、模拟控制、数值计算与通信功能结合在一起，配备 Basic、Pascal、C 等计算机语言，从而可以像使用通用计算机那样进行结构化编程，使 PLC 具有更强的功能。

### 4.3.2　可编程控制器的程序结构

一般情况下，我们在使用编程语言编写 PLC 控制程序时常采用的编程结构包括线性编程、分部式编程以及结构化编程。

#### 1. 线性编程

线性编程就是将用户程序连续放置在主程序内，程序按线性或者按顺序执行每条指令。这种结构最初是 PLC 模拟继电器电路的逻辑模型，具有简单、直接的结构。由于所有的指令都放置在一个主程序内，因此软件的管理功能非常简单。这种编程方法适用于编写小型控制程序。

#### 2. 分部式编程

分部式编程是将一项控制任务分解成若干个独立的子任务，如一套设备的控制或者一系列相似工作，每个子任务由一个子程序完成，而这些子程序由主程序的指令来调用。在进行分部式程序设计时，既无数据交换也无重复利用的代码。所以，这种编程方法允许多个设计人员同时编程，而不必考虑因设计同一内容可能出现的冲突。

#### 3. 结构化编程

结构化编程是指对系统中控制过程和控制要求相近或类似的功能进行分类，编写通用的功能模块，通过向这些功能模块以参数形式提供有关信息，使得结构化程序可以重复利用这些通用的功能模块。采用结构化编程可以优化程序结构，减少指令存储空间，缩短程序执行时间。结构化编程使程序结构层次清晰，部分程序通用化、标准化，程序修改简单，调试方便。

使用菲尼克斯 PLCnext Engineer 软件设计程序时，又有特别的结构形式。在 PLCnext Engineer 软件中新建程序后，可以选择三种编程语言结构，如图 4-15 所示。三种程序结构形式分别是结构文本 (ST)、梯形图 (LD) 以及面向网络的图形编辑器 (NOLD)。除了结构文本有专门的程序编辑环境外，梯形图、功能块图、指令表和顺序功能图都可以在 LD 编程语言和 NOLD 编程语言环境下进行编写。

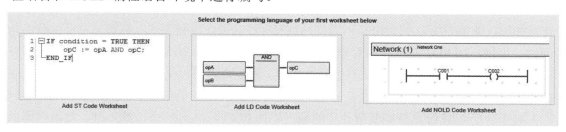

图 4-15　菲尼克斯的程序结构形式

## 4.4　菲尼克斯可编程控制系统的硬件介绍

本课程所使用的实训设备为菲尼克斯品牌 PLC 控制系统。实训 PLC 控制系统整体配置如图 4-16 所示，该控制系统主要包括直流电源一台、保护模块一块、PLCnext 控制器一台、以太网交换机一台、PROFINET 耦合器一台、输入 / 输出信号模块三块以及通信模块一块。

图 4-16　菲尼克斯 PLC 控制系统

控制系统中 PLCnext 控制器的型号为 AXC F 2152，该控制器属于 Axiocontrol 系列中型控制器。Axiocontrol 控制器性能卓越且便于操作，专为恶劣的工业环境设计。该系列控制器具有极其坚固的外壳，可以有效防护电磁干扰，适用于极端环境，可适应的环境温度范围为 −25℃～60℃；同时集成了 UPS 电源，通信采用背板总线连接，配合菲尼克斯电气的 Axioline F 系列 I/O 模块，可达到 μs 级的控制精度，最多可以并排安装多达 63 个 Axioline F 系列 I/O 模块，AXC F 2152 控制器如图 4-17 所示。该控制器具有 512 MB 内部闪存，还可以扩展专用 SD 卡，RAM 容量为 512 MB；控制器具备冗余功能，电源电压为 24 V DC，最大功耗为 10.6 W，具备电子浪涌保护和极性保护电路。

图 4-17　AXC F 2152 控制器

控制系统的 PLC 控制器还可作为 PROFINET 控制器，连接各 PROFINET I/O 设备。PROFINET I/O 设备分站使用 AXL F BK PN 作为 PROFINET 耦合器，连接本地 Axioline 总线上的 I/O 模块，构成完整的 PROFINET 系统。

PLCnext 控制系统使用 Axioline 系列新一代以太网 I/O 模块，完成控制系统输入信号的采集以及输出信号的刷新。控制系统 I/O 模块主要包括数字量输入模块、数字量输出模块、模拟量输入模块以及模拟量输出模块。

PROFINET 耦合器 AXL F BK PN 订货号为 2701815，该耦合器模块具备 RJ45 母头连接器，保护等级为 IP20，本地总线全双工传输速率可达 100 Mb/s；该总线耦合器最多可连接 63 台 Axioline F 设备，具备 2 个以太网端口，RT 和 IRT 的最短 PROFINET 循环周期为 250 μs，Axioline F 本地总线的典型循环周期约为 10 μs；额定最大功耗为 2.5 W，电源电压为 24 V DC，具备电子浪涌保护和极性保护电路，在墙面安装或导轨安装情况下运行环境温度为 −25℃～60℃，运行环境空气压力为 70～106 kPa，运行环境湿度为 5%～95%。其接线图如图 4-18 所示。

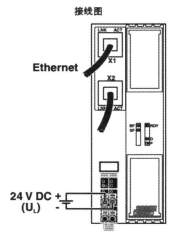

图 4-18    AXL F BK PN 耦合器接线图

数字量输入模块 AXL F DI16/1 1H 订货号为 2688310，该模块具有符合 EN61131-2 标准 1 类和 3 类要求的 16 个数字量输入点，额定输入电压为 24 V DC，额定输入电流为 2.4 mA。模块为单线制输入，最小更新时间小于 100 μs，本地总线传输速率为 100 Mb/s，保护等级为 IP20。模块可调整输入端的滤波时间以增强抗干扰性，在滤波时间设置为 100 μs 时，可在应用中使用最大输入频率为 5 kHz 的计数器功能。其接线图如图 4-19 所示。

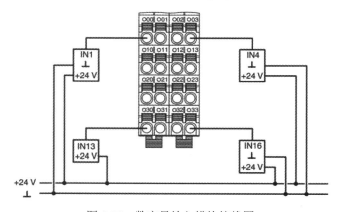

图 4-19    数字量输入模块接线图

数字量输出模块 AXL F DO16/1 1H 订货号为 2688349，该模块具有 16 个数字量输出点，额定输出电压为 24 V DC，模块最大输出电流为 8 A。模块为单线制输出，最大信号延时为 100 μs，本地总线传输速率为 100 Mb/s，保护等级为 IP20。模块具有用于输出的短路保护和过载保护电路。其接线图如图 4-20 所示。

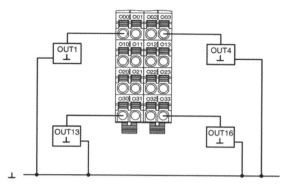

图 4-20　数字量输出模块接线图

　　模拟量输入 / 输出模块 AXL F AI2 AO2 1H 订货号为 2702072，该模块主要用于采集和输出模拟电压和电流信号，过程数据更新小于 150 μs。模块具有 2 个模拟量差分输入通道，输入电流范围为 0～20 mA、4～20 mA、−20～20 mA；输入电压范围为 0～10 V、−10～10 V、0～5 V、−5～5 V。模块具有 2 个模拟量输出通道，输出电流范围为 0～20 mA、4～20 mA、−20～20 mA；输出电压范围为 0～10 V、−10～10 V、0～5 V、−5～5 V。模块本地总线传输速率为 100 Mb/s，输入具有输入的瞬态保护和抑制二极管电路，输出具有短路和过载保护、瞬态保护以及抑制二极管电路。其接线图如图 4-21 所示。

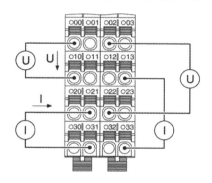

图 4-21　模拟量输入 / 输出模块接线图

　　通信模块 AXL F RS UNI 1H 订货号为 2888666，该模块具有 RS-232、RS-422 和 RS-485 格式的串行输入和输出通道。本地总线传输速率为 100 Mb/s，保护等级为 IP20，通信接口传输速度为 110 b/s～250 kb/s。其接线图如图 4-22 所示。

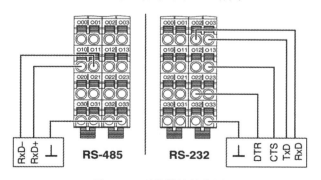

图 4-22　通信模块接线图

## 4.5 菲尼克斯可编程控制系统的软件介绍

本节内容主要介绍的是菲尼克斯可编程控制系统的应用软件 PLCnext Engineer 的主要机构和主要功能，如何利用菲尼克斯应用软件新建项目，如何设置项目网络通信参数并且完成硬件和软件的通信连接。

### 4.5.1 PLCnext Engineer 软件界面介绍

#### 1. 起始界面

菲尼克斯可编程控制器控制系统安装成功后，双击绿色 PLCnext Engineer 图标打开系统软件，其起始界面如图 4-23 所示。起始界面最左侧为最近打开编辑过的项目，从这个区域可以快速地找到近期常使用的工程项目，直接点击打开。中间区域为模板工程区，该区域内显示的是 PLCnext 控制器的型号，直接选择项目使用的控制器的型号可以打开项目工作空间。起始界面右边的区域是帮助信息区，常用的帮助信息可以在这个区域内选择获得。

菲尼克斯编程
软件简介

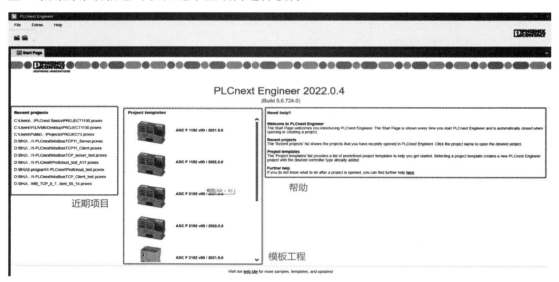

图 4-23 起始界面

#### 2. 工作空间

在起始界面打开工作空间的方法有两种。一种是通过选择模板工程中对应的 PLC 型号打开工作空间；另外一种是点击起始界面左上角的 File 菜单栏，选择 New Project 选项打开工作空间界面。打开工作空间后可以看到整体布局也是分为三部分，如图 4-24 所示。左侧区域是工程栏，显示的是工程的详细情况，包括 PLC 配置信息、PLC 变量列表、HMI 应用、OPC 数据配置、通信设置等内容。中间区域是编辑界面，所有的项目信息编辑、详细状态显示都展示在这个区域。右边区域是部件栏，主要功能是程序、画面、硬件组态等功能的管理，详情参见图 4-25。

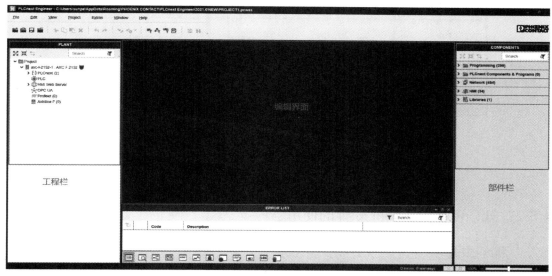

图 4-24 工作空间界面

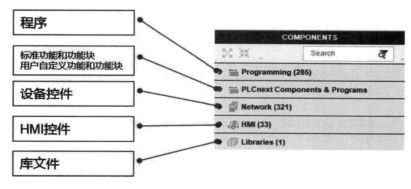

图 4-25 部件栏主要功能

3. 隐藏快捷菜单栏及交叉功能区

在工作空间上部的快捷菜单中，还有隐藏控件属性的快捷菜单栏，可以对编程界面、网络界面、HMI 界面以及安全功能界面进行一键隐藏或打开，如图 4-26 所示。

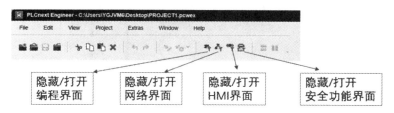

图 4-26 隐藏属性快捷菜单栏

工作空间底部还有交叉功能区，这个区域里的快捷键可以隐藏或者打开信息栏、搜索栏、重构栏、交叉索引等功能，详细情况参见图 4-27。

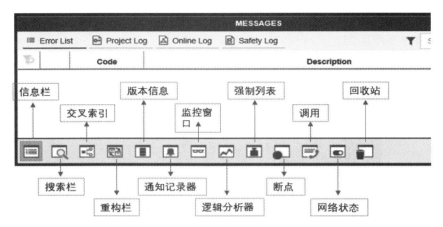

图 4-27　交叉功能区

### 4.5.2　PLCnext Engineer 软件的使用

#### 1. 新建项目

在起始界面点击左上角的 File 菜单栏，选择 New Project 选项可以打开工作空间界面，新建一个项目。需要注意的是，新建的项目是一个空的项目，里面并没有详细的配置信息，需要将控制系统选用的 PLC 添加到项目中，以本实训 PLC 控制系统为例，可以将右侧 COMPONENTS-Network-Controller 中型号为 AXCF 2152 的 PLC 拖拽到左侧 Project 项目中，完成 PLC 模块的配置，如图 4-28 所示。如前文所述，还可以直接在软件起始界面点击选择程序模板中对应的 PLC 型号，以新建项目。

控制系统硬件
组态和通信

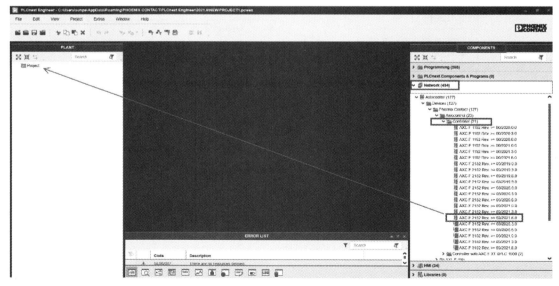

图 4-28　新建项目添加 PLC

#### 2. 设置项目 IP 地址

在工程空间界面双击工程栏里的 Project 工程名称，可以打开工程相关设置界面，选择第一项 Settings，在 IP rang 栏中填入 IP 地址的起始值和结束值，以设置项目的 IP 搜索地址范围，同时设置子网掩码，如图 4-29 所示。

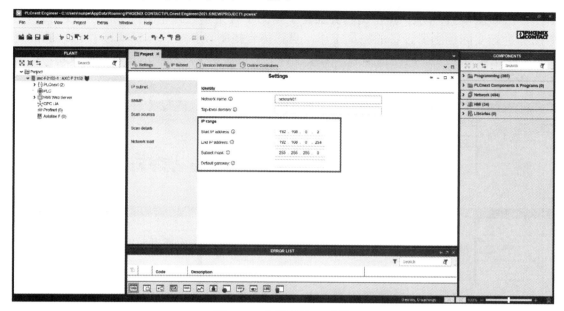

图 4-29　设置项目 IP 范围

设置好项目的 IP 地址范围与子网掩码后，双击工程栏中的控制器型号，打开控制器参数设置界面，选择第二项 Settings，在 Ethernet 栏中分配控制器的 IP 地址。IP 地址分配支持手动分配和自动分配两种模式。手动分配 IP 地址时，可以修改控制器的具体 IP 地址；而采用自动分配模式时，项目自动给 PLC 控制器分配 IP 地址，人为不能修改，如图 4-30 所示。

图 4-30　控制器 IP 地址设置

### 3. 在线扫描连接设备

项目 IP 地址范围设置成功后，点击选择 Online Controllers 菜单选项，进行联网控制器操作。如图 4-31 所示，点击编辑界面左上角的下拉菜单选择电脑网卡，点击⊛扫描网络图标进行实际控制器设备的扫描工作，当扫描到控制设备后，可将项目中 PLC 的配置参数分配给实际 PLC。网络扫描后，如果设备状态栏显示√，则表示设备连接成功，如图 4-32 所示。

图 4-31　在线扫描

图 4-32　设备连接成功

# 课 后 习 题

1. PLC 的主要组成部分有哪些？
2. 试说明可编程控制器的工作过程。
3. 可编程控制器 PLC 编程语言有哪些？最常用的编程语言是什么？
4. 使用菲尼克斯 PLCnext Engineer 完成新项目的创建，并与硬件系统建立连接。

# 第5章

# 菲尼克斯可编程控制器项目设计

在前面章节我们学习了菲尼克斯可编程控制系统硬件和软件的基础知识，在这个基础上我们将开展可编程控制器项目设计的学习。本章中我们将继续使用 PLCnext Engineer 软件来完成相关的学习和操作。

## 5.1　控制器登录与相关操作

使用菲尼克斯 PLC 进行程序编辑和状态在线监控之前，我们需要取得相关的权限，这就要求我们登录 PLC 控制系统。首先我们使用 PLCnext Engineer 软件打开已经建立好的工程，在工作空间的工程栏能看到工程的基本信息和内容组成，双击带有 PLC 控制器型号的控制器图标 axc-f-2152-1:AXC F 2152，在打开的编辑界面中选择 Cockpit 选项，然后点击编辑界面左上角 TCP/IP 选项栏右侧的在线按钮🔗，如图 5-1 所示。

控制器登录与
相关操作

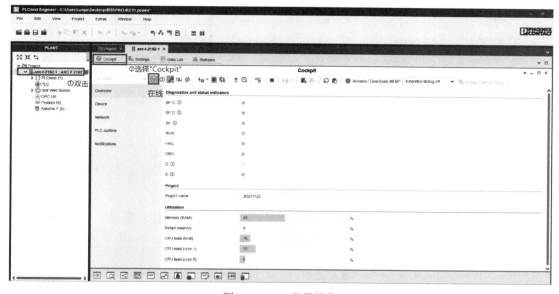

图 5-1　PLC 登录操作

　　点击在线按钮后将弹出一个安全设备登录对话框，如图 5-2 所示，在对话框中需要输入 PLC 控制器的登录用户名和登录密码。菲尼克斯控制器登录默认的用户名为 admin，而控制器的初始密码在 AXCF 2152 控制器的壳体上能够找到，如图 5-3 所示。

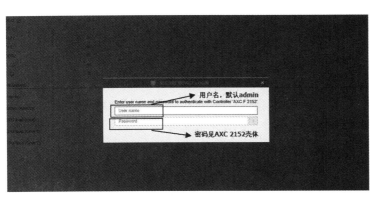

图 5-2　安全设备登录　　　　　　　图 5-3　初始密码查看位置

　　登录 PLC 控制器后就可以在线监控到 PLC 的各种信息，例如控制器的实时状态、存储空间使用情况、CPU 负载情况等，如图 5-4 所示。

图 5-4　PLC 实时运行状态

　　在 Cockpit 选项界面操作时，除了 PLC 建立在线连接的快捷按钮外，还有若干其他快捷工具，工具栏如图 5-5 所示。下面简要介绍下快捷工具栏中 Cockpit 工具的作用：

图 5-5　Cockpit 快捷工具栏

(1) 🔑为用户登录和注销 PLC；

(2) 👥为用户切换；

(3) ⬇为下载并启用程序；

(4) ▣为用户登录 WebHMI；

(5) 🔍为登录 PLC 系统监控 Web 界面；

(6) ■　▶🌡 ▶🌡 ▶🌡 依次为停止、热启、暖启、冷启；

(7) ↻为重新启动控制系统；

(8) 🔧为恢复出厂设置；

(9) ⚠为启动或关闭程序断点 (breakpoint)；

(10) 🐞为调试程序 (debug)。

双击带有 PLC 控制器型号的控制器图标 axc-f-2152-1:AXC F 2152，在打开的编辑界面中选择 Data List 选项，在 Data List 标签中可以看到系统所有的全局变量，可以通过工具栏中的按钮新建变量或变量组，如图 5-6 所示。

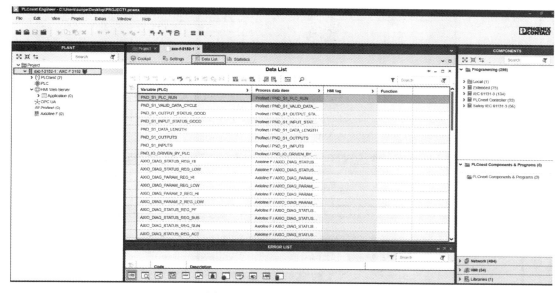

图 5-6　控制系统的全局变量

## 5.2　本地 I/O 组态与网络分站 I/O 组态

在成功新建项目并完成项目和 PLC 设备之间的通信连接后，接下来需要对控制系统中的数字量模块和模拟量模块进行系统组态，输入模块和输出模块是控制系统的重要组成部分。输入 / 输出模块通常也称为 I/O 单元或 I/O 部件，输入模块是可编程控制器与工业生产现场控制或检测元件之间的连接部件，是现场信号进入 PLC 的桥梁，现场信号通过输入接口电路转换成 CPU 能够接收和处理的信号。PLC 通过输入

本地 I/O 组态

模块可以检测被控对象的各种数据，以这些数据作为 PLC 对被控制对象进行控制的依据。

同时，PLC 又通过输出模块将处理结果送给被控制对象，以实现预定的控制目的。

### 1. 本地分站组态

在菲尼克斯控制系统中输入 / 输出模块的组态分为本地 I/O 组态和 PROFINET 子站 I/O 组态两种形式。本地 I/O 组态是将输入 / 输出模块直接安装在 PLC 后面，作为本地模块使用时的组态方式。这时我们要先建立项目和实际 PLC 之间的通信，详细的方法我们在前文中有过描述。首先双击项目栏下的 Project，在右侧选择 Online Device 标签，选择当前电脑连接 PLC 使用的网卡，例如此处选择以太网。点击右侧 scan the network 的按钮，在下方列表中左侧表示工程项目中的 PLC 信息，右侧表示在线 PLC 设备信息，扫描网络中的设备后，在后侧会出现当前在线 PLC 的设备信息，当项目 PLC 和实际 PLC 信息一致时，状态一栏会出现绿色的 √。若出现其他状态，可以通过右键选择将项目信息分配到 PLC 中，或选择将 PLC 信息上传到项目中，如图 5-7 所示。

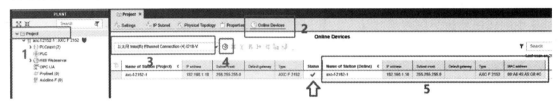

图 5-7　项目和 PLC 设备之间的通信

项目和实际 PLC 之间的通信建立后，双击项目栏下的 Axioline F 选项，在右侧选择 Device List 标签，按照 PLC 后面实际安装模块的型号和顺序在 Type 中选择相应的模块进行 Axioline 本地总线的组态，如图 5-8 所示。

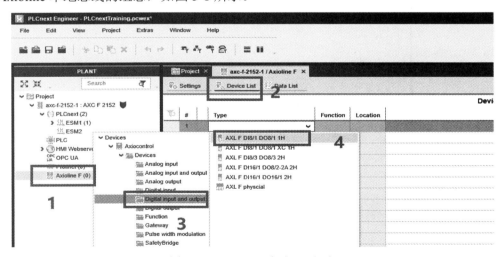

图 5-8　Axioline F 本地 I/O 组态

### 2. Profinet 网络分站组态

Profinet 网络分站指的是控制系统的模块或设备通过网络耦合器和 PLC 控制器建立通信连接，并通过通信网络实现系统实时控制数据的传输与交互。我们在组态前需要搭建实际的 Profinet 网络，将 Profinet 网络中的设备组态到项目工程中，并完成 Profinet 设备名和 IP 地址的设置和分配。

网络分站 I/O 组态

首先，插入 Profinet 子站。在项目栏下双击 Profinet，在右侧选择 Device List 标签，按照实际的 Profinet 网络完成硬件搭建，在 Type 栏中点击选择 Profinet 网络中的 Profinet 设备，例如此处选择耦合器 Bus coupler，然后单击选择 AXL F BK PN，如图 5-9 所示；或者在右侧部件栏 Network-Axioline F Profinet-Devices-Phoneix Contact- AXL F- Bus coupler-Modules 选项中选择 AXL F BK PN 模块拖拽至左侧项目栏 Profinet 选项下。

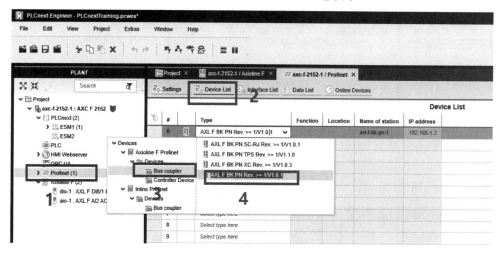

图 5-9　Profinet 耦合器组态

第二步，根据需要设置 Profinet 耦合器参数。在项目栏下双击 Profinet 网络下刚添加的 Profinet 耦合器设备图标，在右侧编辑界面中点击选择 Settings 选项卡，设置 Profinet 耦合器网络通信参数，将 Ethernet 中的 IP 地址分配方式由 Automatic 自动分配改成 Manual 手动分配方式，此时可以手动更改 Profinet 设备的 IP 地址及设备名称，如图 5-10 所示。

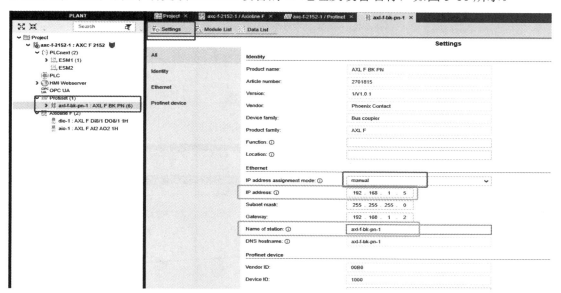

图 5-10　更改 Profinet 设备的设备名和 IP 地址

第三步，扫描在线耦合器。双击选择项目栏下的 Profinet 选项，选择 Online Devices 标签。然后选择电脑连接设备的网卡，此处选择以太网，点击 scan the network 标签在线扫描

Profinet 设备。扫描完成后选择耦合器应用，如连接状态正确则会出现绿色 √，然后设置 Profinet 设备的设备名和 IP 地址，如图 5-11 所示。然后，可以右键选择将项目设置分配到在线设备，即可将设置的参数发送到 Profinet 设备，完成设备的组态。

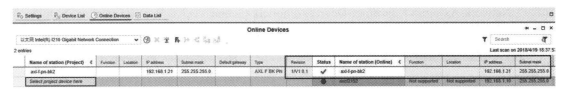

图 5-11　Profinet 耦合器参数设置

第四步，Profinet 输入／输出模块组态。组态方式分为离线组态和在线组态两种。

1）离线组态

选择刚刚组态好的 Profinet 耦合器，选择 Module List 标签，在 Type 下根据实际耦合器后的模块型号和顺序进行组态，如图 5-12 所示；或者从右边的部件栏中选择 Network 分类中相应的 Profinet 设备，然后选中该设备拖到左侧 Profinet 下，也可将设备添加到 Profinet 网络下，如图 5-13 所示。

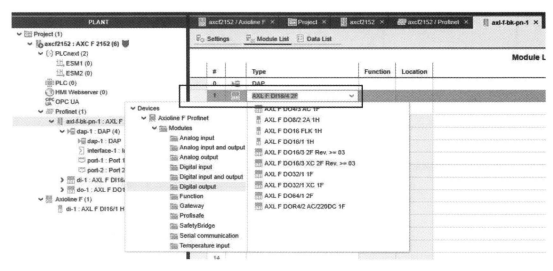

图 5-12　离线模式输入／输出模块组态 1

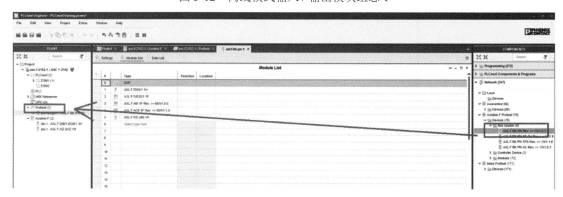

图 5-13　离线模式输入／输出模块组态 2

2) 在线组态

　　仍然选择组态好的 Profinet 耦合器，右键弹出菜单栏，选择其中的 Read Profinet modules 选项，如图 5-14 所示。在弹出的对话框中根据实际耦合器后的模块型号和顺序选择组态，如图 5-15 所示。

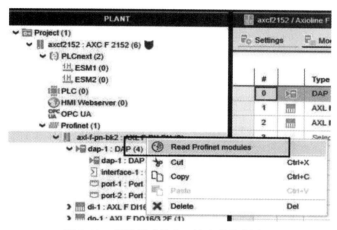

图 5-14　在线模式输入 / 输出模块组态 1

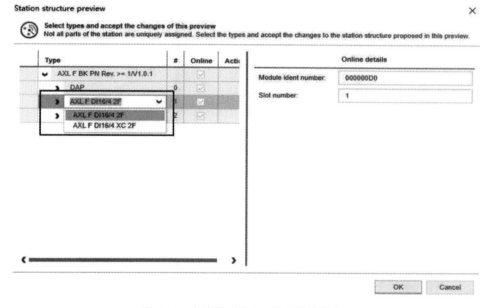

图 5-15　在线模式输入 / 输出模块组态 2

## 5.3　过程数据分配及变量的创建与管理

　　在完成控制系统输入 / 输出模块的配置后，输入 / 输出模块所对应的输入变量和输出变量必须要在控制程序中创建才可以被程序调用。程序

过程数据分配及
变量的创建与管理

变量创建后，还需要在程序中对变量进行分组归类，这样程序才有较高的可读性。

### 1. 变量的创建

变量创建的具体方法是，在工程栏双击项目下的 PLC 选项，在编辑界面中选择 Data List 标签，此处默认有两个分组，可以在 Default 分组下创建变量。如图 5-16 所示，此处创建了两个变量，一个是布尔型变量，另一个是整型变量。点击 Variable(PLC) 后的小箭头展开更多的设置，此时可以更改数据类型，可以添加变量分组，也可以更改分组名称。

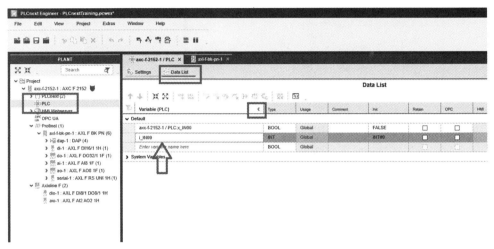

图 5-16　创建变量

### 2. 过程数据分配

创建变量后，需要将程序中创建的变量标签和实际输入输出模块上的物理地址一一对应，完成过程数据分配。在右侧 Process Data Item 标签列选择对应模块的过程数据，如图 5-17 所示，此处选择 dio 模块的第一个通道的输入 IN00 对应刚才建立的第一个布尔型变量。

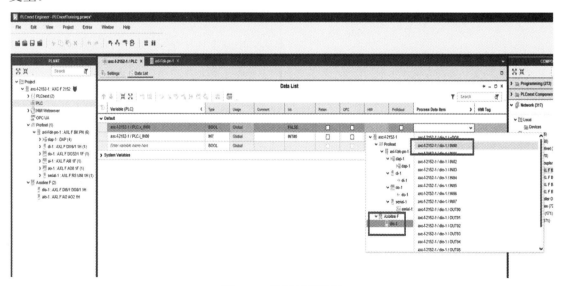

图 5-17　选择过程数据

还可以通过另外的方法分配过程数据，可以先选择硬件通道，再对应变量。如图 5-18 所示，首先选择工程栏下组态好的设备，如双击 Axioline F，选择中间编辑界面中的 Data List 选项，选择输出 dio 模块的 IN00 通道，在 Variable(PLC) 中选择创建好的变量连接到硬件，例如可以选择变量 x_IN00，进而完成过程数据的另外一种分配方式。

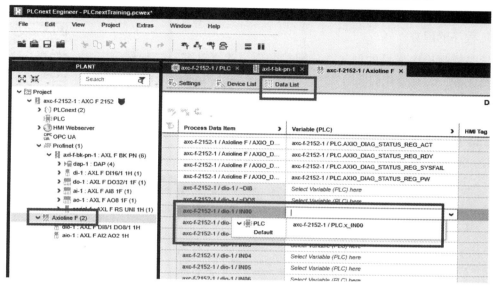

图 5-18　分配过程数据

### 3. 取消过程数据关联

如果在分配数据的过程中不小心进行了错误的连接，那么就需要我们取消已经完成的过程数据关联，重新分配过程数据。具体操作如图 5-19 所示，在工程栏双击项目下的 PLC 选项，在编辑界面中选择 Data List 标签，选择需要取消关联的变量，右键弹出菜单，在菜单栏中选择 Disconnect Process data item 选项断开变量关联。

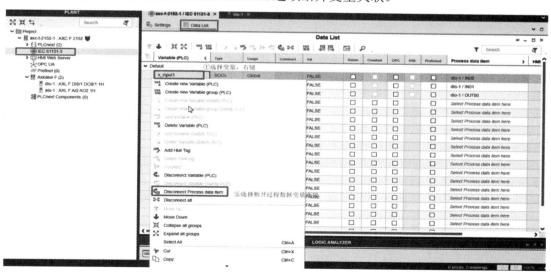

图 5-19　取消过程数据关联

## 5.4　程序和功能块的建立

### 1. 程序的建立

学习控制程序变量的创建及分配关联后，就可以编写控制程序完成控制任务了。首先我们要建立一个新的程序，在 PLCnext Engineer 软件的部件栏中选择 Programming 选项下的 Local 的 Programs，如图 5-20 所示。右键调出下拉菜单选择 Add Program 添加新的程序。添加后在 Programs 目录下新增了一个程序，可以修改程序的名称，假设设置新建的程序是控制系统主程序，设置名称为 Main。

程序和功能块的建立

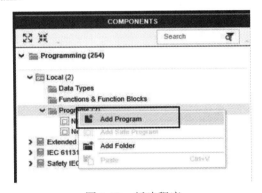

图 5-20　新建程序

双击 Main 主程序，在编辑界面显示三种编程的语言环境，如图 5-21 所示。关于这三种编程语言环境的描述参见 4.3.1 章节。

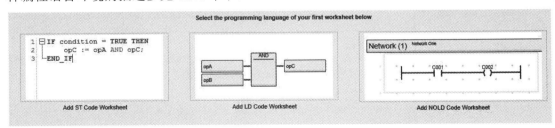

图 5-21　PLCnext Engineer 三种编程语言环境

菲尼克斯 PLCnextEngineer 编程软件的三种程序结构形式分别是结构文本 (ST)、梯形图 (LD) 以及面向网络的图形编辑器 (NOLD)。除了结构文本有专门的程序编辑环境外 ( 如图 5-22 所示 )，梯形图、功能块图、指令表和顺序功能图都可以在 LD 编程语言和 NOLD 编程语言环境下进行编写 ( 如图 5-23 和图 5-24 所示 )。在有授权的情况下，顺序功能图 SFC 和指令表 (STL) 也可以使用。虽然编程语言众多，但是最常用的还是梯形图语言，从图中可以看到在 LD 编程语言环境中可以将梯形图语言和功能块图语言融合使用。在 NOLD 编程语言中，不同程序行可以选择不同的编程语言。因此，不难发现菲尼克斯

PLCnext Engineer 软件的开发语言使用灵活、多变，可以满足不同工程师的使用习惯，多种编程语言的交叉融合也给程序编写带来了极大的便利。

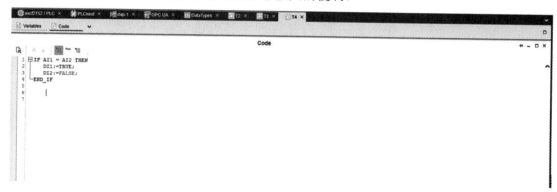

图 5-22　ST 编程环境

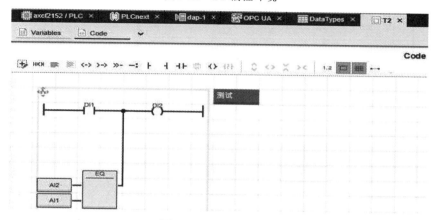

图 5-23　LD 编程环境

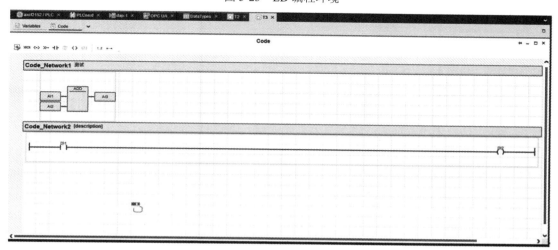

图 5-24　NOLD 编程环境

　　程序建立好以后还需要在项目中建立任务，并把程序与任务相关联，通过设置任务类型，设置间隔时间和看门狗时间、任务优先级以及扫描周期等，对新建的程序进行管理。

如图 5-25 所示，AXCF 2152 为双核 CPU，可同时运行两个 ESM，在单个 ESM 中建立相关任务，设置任务类型，设置间隔时间、任务优先级以及扫描周期等。

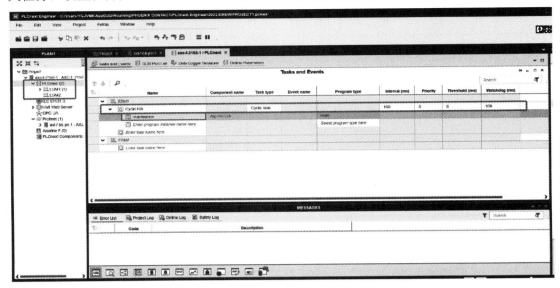

图 5-25　程序任务的建立

任务建立后，在工程栏处双击 PLCnext，在打开的编辑界面中选择 Task and Event 选项卡，在这里完成任务和程序的关联。从右侧部件栏中找到刚刚新建的程序，用鼠标左键拖动到序号 4 指向的位置即可，如图 5-26 所示。

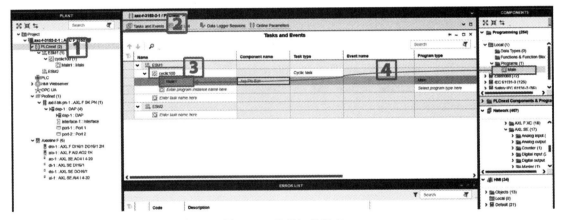

图 5-26　关联相关程序

### 2. 功能和功能块的建立

在进行控制程序的编写时，我们还经常使用功能和功能块。功能和功能块是对控制要求相对固定并重复出现的程序结构的封装，我们可以理解为具有特定功能的子程序。使用菲尼克斯 PLCnext Engineer 编程软件建立功能与功能块时，首先我们在软件的部件栏中选择 Programming 选项下的 Local 的 Functions & Functions Blocks 选项，右键调出下拉菜单，选择 Add Function Block 或者 Add Function 完成功能块或者功能的创建，如图 5-27 所示。

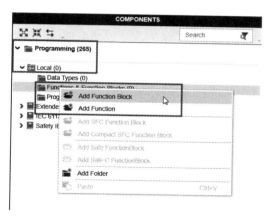

图 5-27　功能块和功能的创建

　　创建好功能或功能块后，我们需要在功能或功能块中完成控制程序的编写，编写时同样可以使用系统提供的各种编程语言。在完成功能或功能块的编写后我们就可以在程序中调用功能和功能块了。调用时只需将创建好的功能或功能块直接拖拽到控制程序中即可，如图 5-28 所示。

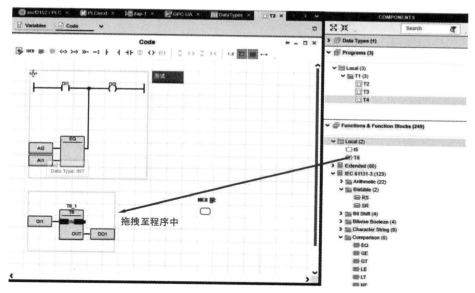

图 5-28　功能块和功能的调用

## 5.5　程序变量调用以及程序编译下载和监控

### 1. 变量调用

　　前面的章节介绍了程序的建立以及功能和功能块的建立，打开建立好的程序或者功能和功能块，就可以编写控制程序或功能程序了。以最常用的梯形图为例，双击打开 LD 编程环境，点击插入一行梯形图，之

程序变量调用

后可以对梯形图上的输入点和输出线圈进行变量的调用插入。如图 5-29 所示，选中插入的梯形图中的输入点或者输出线圈后，在该点上方会出现一列快捷菜单，各个快捷键的功能如下所示。

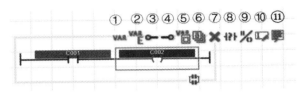

图 5-29　变量调用插入菜单

①：VAR，局部变量。

②：Variable External，全局变量，整个项目中具有唯一性，可用于关联硬件 (GDS)。

③：inport，输入变量。

④：outport，输出变量。

⑤：Variable Program，程序变量，在该程序中具有唯一性。

⑥：Variable Instance，类变量，可设置输入和输出性质。

⑦：删除。

⑧：切换触点属性，如常闭、脉冲、取反。

⑨：切换该变量为触点还是线圈属性。

⑩：修改或替换该变量名称。

⑪：注释。

程序编译下载和监控

**2. 程序编译和下载**

程序编写好后，要对编写好的程序进行编译，PLCnext Engineer 软件默认是每次修改后自动编译，但是也可以手动编译，编译界面如图 5-30 所示。

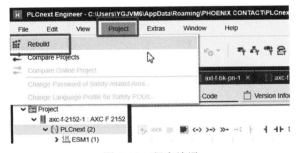

图 5-30　程序编译

程序编译成功后需要将控制程序下载到控制器中，控制器才能执行程序逻辑，完成对整体控制系统的控制任务。在工程栏内单击选中 PLC 控制器，右键唤出菜单，有四种下载方式，如图 5-31 所示，不同的下载选项功能如下。

① 该步骤会完成的功能有项目重建，连接 PLC，下载程序后复位源程序代码，冷启 PLC。

② 该步骤功能同①，但是会将源代码下载到 PLC 中，支持在 PLCnext Engineer 中上传 PLC 中的源程序。( 并不是所有 PLC 都可以支持该功能 )

③ 该步骤功能同①，但是不会复位 PLC 在线运行程序，也不会冷启 PLC。( 在线修改程序 )

④ 该步骤功能同③，会将源代码下载到 PLC 中；不会复位 PLC 在运行程序，也不会冷启 PLC。(在线修改程序，并下载源代码)

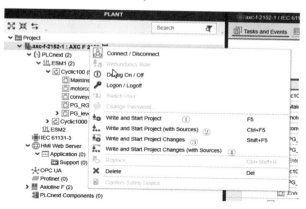

图 5-31　程序下载

### 3. 程序监控

程序编写完成并编译下载后，控制系统就可以按照程序的要求运行。但是程序运行过程中难免会出现一些突发情况或者故障，当操作维修人员没有办法直接判断故障原因时，可以通过对程序的监控来找到故障的原因。这样维修人员就可以顺利地排除故障恢复生产了。在实际的生产设备中，一般会有专门的故障报警程序，也就是将可能出问题的地方用变量把程序状态通过触摸屏或人机交互界面显示出来，增强控制系统的可视性和操作性。

在菲尼克斯 PLCnext Engineer 软件中进行程序监控，需要首先将程序下载到控制器，同时设置控制器处于网络连接状态。然后在工程栏中选中 PLC 控制器，点击右键弹出菜单栏，在弹出的菜单栏中选择 Debug On/Off，打开 PLC 的在线监控模式，如图 5-32 所示。

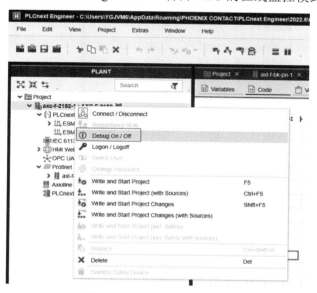

图 5-32　打开在线监控模式

打开 PLC 的在线监控模式后，在程序编辑界面右键选择 Go To Instance Editor，再点选程序名就可进入监控状态，如图 5-33 所示。程序在线监控状态界面显示如图 5-34 所示。

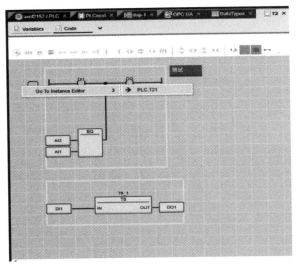

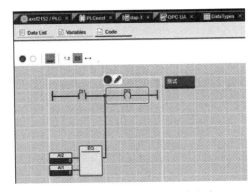

图 5-33　进入在线监控　　　　图 5-34　在线监控状态界面显示

程序变量除了可以在上述程序监控的界面显示状态，还可以通过监控栏实时监控变量的情况。如图 5-35 所示，可以直接用拖拽的方式将程序里需要监控的变量放至监控栏，这样就可以更加方便地对程序变量进行实时监控了。

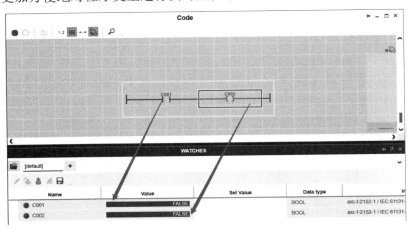

图 5-35　程序变量监控

## 5.6　OPC UA 的设置与连接

在学习 OPC UA 的设置与连接前要先清楚什么是 OPC？ OPC 是自动化行业及其他行业用于数据安全交换时的互操作性标准，其核心是互通性（Interoperability）和标准化（Standardization）。它独立于平台，并确保来自多个厂商的设备之间信息的无缝传输，OPC 基金会负责该标准的开发和维护。

OPCUA 设置
与连接

OPC 标准是由行业供应商、终端用户和软件开发者共同制定的一系列规范。这些规范定义了客户端与服务器之间以及服务器与服务器之间的接口，比如访问实时数据、监控报警和事件、访问历史数据和其他应用程序等，都需要 OPC 标准的协调。

最初，OPC 标准仅限于 Windows 操作系统。在制造系统内以服务为导向的架构的引入给 OPC 带来了新的挑战，如何重新定义架构来确保数据的安全性促使 OPC 基金会创立了新的架构——OPC UA，用以满足这些需求。与此同时，OPC UA 也为将来的开发和拓展提供了一个功能丰富的开放式技术平台。OPC UA 的主要特点有以下几个。

1) 访问统一性

OPC UA 有效地将现有的 OPC 规范 (DA、A&E、HDA、命令、复杂数据和对象类型) 集成进来，形成现在的新的 OPC UA 规范。OPC UA 提供了一致的、完整的地址空间和服务模型，解决了过去同一系统的信息不能以统一方式被访问的问题。

2) 通信性能

OPC UA 规范可以通过任何单一端口 (经管理员开放后) 进行通信。这让穿越防火墙不再是 OPC 通信的路障，并且为提高传输性能，OPC UA 消息的编码格式可以是 XML 文本格式或二进制格式，也可使用多种传输协议进行传输，比如 TCP 和通过 HTTP 的网络服务。

3) 可靠性、冗余性

OPC UA 的开发含有高度可靠性和冗余性的设计。可调试的逾时设置、错误发现和自动纠正等新特征，都使得符合 OPC UA 规范的软件产品可以很自如地处理通信错误和失败。OPC UA 的标准冗余模型也使得来自不同厂商的应用软件可以同时被采纳并彼此兼容。

4) 标准安全模型

OPC UA 访问规范明确提出了标准安全模型，每个 OPC UA 应用都必须执行 OPC UA 安全协议，这在提高互通性的同时降低了维护和额外配置费用。用于 OPC UA 应用程序之间传递消息的底层通信技术提供了加密功能和标记技术，保证了消息的完整性，也防止了信息的泄漏。

5) 不依赖平台

OPC UA 软件的开发不再依靠和局限于任何特定的操作平台。过去只局限于 Windows 平台的 OPC 技术拓展到了 Linux、Unix、Mac 等各种其他平台。OPC UA 的发展不仅立足于现在，更加面向未来。

目前来讲 OPC UA 技术主要有两种模式：Client/Server 模式和 Pub/Sub 模式。在 OPC UA Client/Server 模式下，OPC UA Server 构建地址空间并提供数据和服务。OPC UA Client 使用请求的方式来访问 OPC UA Server 中的数据和服务，OPC UA Server 以应答的方式来回应 OPC UA Client 的请求，是一种典型的点对点通信。OPC UA 经常涉及的服务如下：

(1) 地址空间的浏览；

(2) 安全通道的建立、激活和关闭；

(3) 节点的创建、删除、关联等；

(4) 数据空间的读写，历史数据的查询；

(5) 监视项及订阅的创建和删除等。

OPC UA Pub/Sub 模式基于 IEC62541 标准 Part14，是一种基于内容的消息传输方式，每个消息都有一个标识，网络中的客户可以发布和订阅某一标识的消息，一旦发布了某一标识的消息，所有的订阅者一旦订阅了该标识都将会收到这一标识的消息。

OPC UA Pub/Sub 模式实现了应用和数据的解耦，不再像 Client/Server 模式那样需要建立多个点对点的连接，可以实现一点对多点的数据传输，发送者不需要关注有多少个连接者，只要发送者就绪就可以"生产"数据，因此只需要较少的资源就可以运行服务，可以部署在一些资源受限的设备上。

### 5.6.1　OPC UA Server 设置

在菲尼克斯控制器 AXCF 2152 中内置有 OPC UA Server 功能，所使用的 OPC UA Client 是 Unified Automation 的 UaExpert。在工程栏双击打开 OPC UA 选项，在中间编辑界面选择 Information Model 的下拉菜单可以看到如图 5-36 所示的内容。

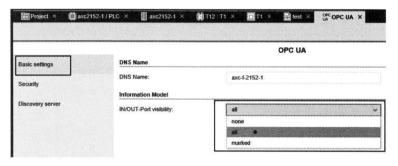

图 5-36　OPC UA Server 设置

(1) none：表示 OPC UA Client 无法扫描到 Server 变量数据。

(2) all：表示 OPC UA Client 可以扫描到 GDS 区域的所有变量和勾选 OPC 属性的变量。

(3) marked：表示 OPC UA Client 可以扫描到勾选 OPC 属性的变量。

选择完成 OPC UA Server 设置后，还要对变量进行设置，将需要的程序全局变量和局部变量设置为 OPC 模式，如图 5-37 和图 5-38 所示。

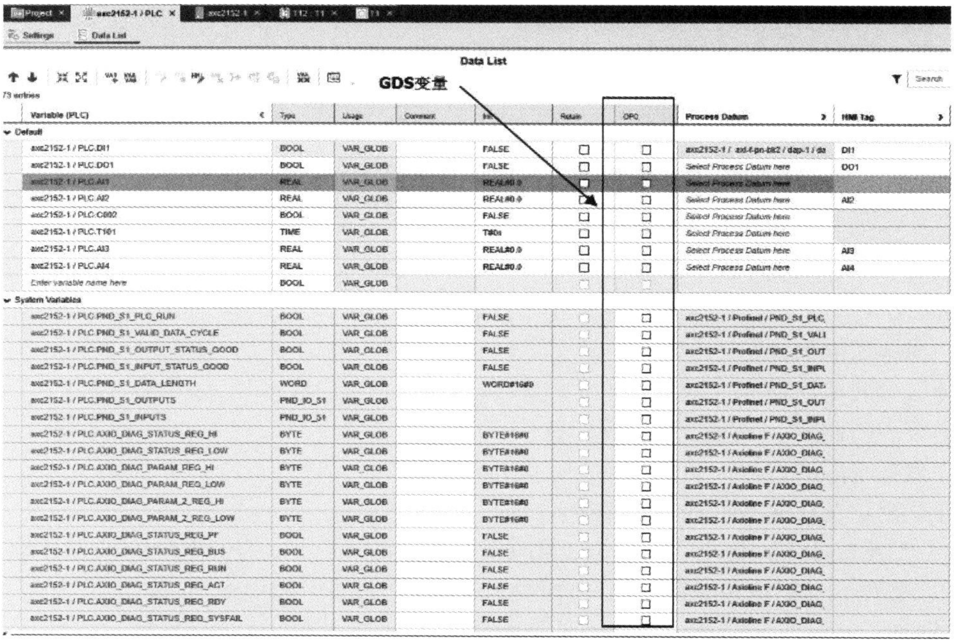

图 5-37　GDS 变量设置

| | Name | Type | Usage | Comment | Init | Retain | OPC | eHMI | Proficloud | I/Q |
|---|------|------|-------|---------|------|--------|-----|------|-----------|-----|
| ∨ OPC UA | | | | | | | | | | |
| | IN1 | BOOL | Global | | FALSE | ☐ | ☑ | | | |
| | IN2 | BOOL | Global | | FALSE | ☐ | ☑ | | | |
| | OUT1 | BOOL | Global | | FALSE | ☐ | ☑ | | | |
| | OUT2 | BOOL | Local | | FALSE | ☐ | ☑ | | | |
| | AI11 | REAL | Local | | REAL#0.0 | ☐ | ☑ | | | |
| | AO1 | REAL | Local | | REAL#0.0 | ☐ | ☑ | | | |
| | T1 | STRING | Local | | " | ☐ | ☑ | | | |
| | T2 | STRING | Local | | " | ☐ | ☑ | | | |
| | Enter variable name here | | | | | ☐ | ☐ | ☐ | | |
| ∨ Default | | | | | | | | | | |
| | DI1 | BOOL | External | | | | | | | |
| | DO1 | BOOL | External | | | | | | | |
| | AI1 | REAL | External | | | | | | | |
| | AI2 | REAL | External | | | | | | | |
| | C002 | BOOL | External | | | | | | | |
| | T101 | TIME | External | | | | | | | |
| | T102 | UINT | Local | | UINT#0 | ☐ | ☐ | | | |
| | AI3 | REAL | External | | | | | | | |
| | AI4 | REAL | External | | | | | | | |
| | Enter variable name here | | | | | | ☐ | ☐ | ☐ | |

程序变量

图 5-38　局部变量设置

## 5.6.2　OPC UA Client 连接 Server

OPC UA Client 连接 Server 的操作方法为：点击 File 新建工程，在工程下的 Servers 选项上右键添加 Server，双击后填入 AXCF 2152 IP 地址，如图 5-39 所示。

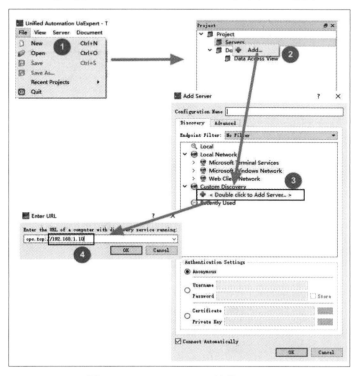

图 5-39　OPC UA Client 连接 Server

根据需要选择加密模式，如果不需要加密则取消 User Authentication 权限 ( 用 WBM 登录设置 )，如图 5-40 所示。

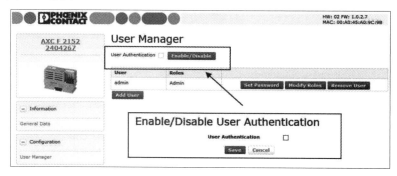

图 5-40　加密取消

完成设置后，在 OPC UA Client 中反映为图 5-41 所示。

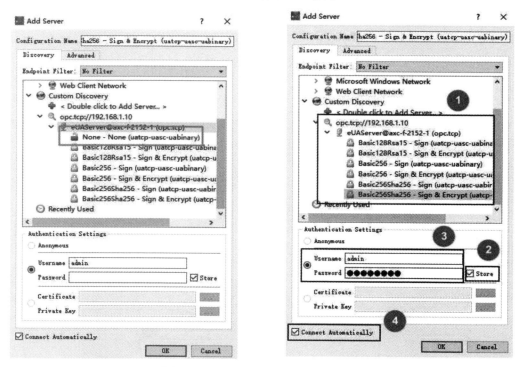

图 5-41　完成设置后的 OPC UA Client

一般情况下建议选择加密模式，因此填入 AXC F 2152 的用户名和密码，选择自动连接。如果出现图 5-42 所示的错误，则忽略进入下一步。

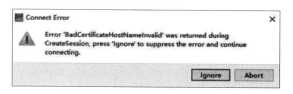

图 5-42　加密模式

如果连接正常，变量组会出现，如图 5-43 所示。注意 Device Set 变量是设备系统变量，而 PLCnext 中的变量是需要与 OPC UA Client 连接的。

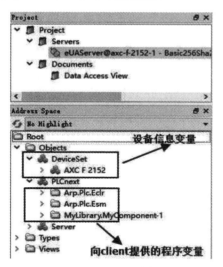

图 5-43　变量连接

完成 OPC 变量连接后，一般需要进行变量的在线测试。变量在线测试时将需要监控的变量拖到 Data Access View 栏中，通过编程软件强制变量即可实现监控测试，如图 5-44 所示。

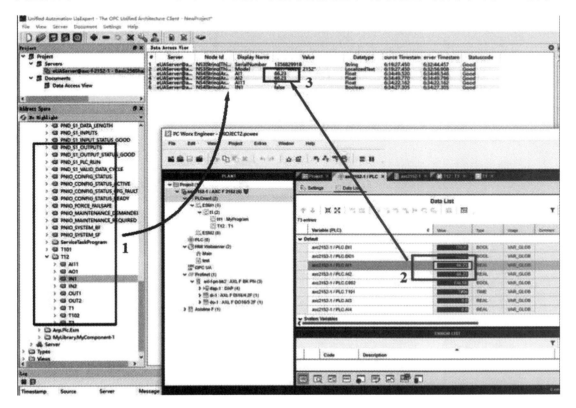

图 5-44　监控测试

# 课 后 习 题

1. 如何登录菲尼克斯 PLC 控制器？
2. 菲尼克斯控制系统本地组态和网络组态的区别是什么？
3. 在菲尼克斯控制系统中创建变量后如何进行过程数据分配？
4. 试着在菲尼克斯 PLCnext Engineer 编程软件中建立 LD 结构形式的程序。
5. 在菲尼克斯 PLCnext Engineer 编程软件中完成两个变量与门的功能块的建立和调用。
6. OPC UA 的主要特点有哪些？

# 第 6 章

# 菲尼克斯可编程控制器 WebHMI 设计

对于工业控制系统，除了控制程序外，人机交互界面也是重要的组成部分。传统的人机交互界面使用工控机或者触摸屏显示，在网络技术日新月异的今天，网络技术也不断融入工业控制技术中，网络人机交互界面的应用也逐渐普及。本章学习 WebHMI 的相关内容。

## 6.1　WebHMI 画面的建立和控件的添加

HMI 是 Human Machine Interface 的缩写，中文意思为人机界面或人机接口，指的是人与机器之间进行信息交互和通信的界面。它是一种技术，通过图形化的界面和用户友好的操作方式使人们能够与机器或系统进行互动，控制和监控各种工业设备和系统。HMI 通常采用触摸屏、按键、指示灯、显示屏等组件，通过这些组件用户可以输入指令、获取数据、显示图像和状态信息等。它可以用于各种领域，包括工业自动化、医疗设备、交通系统、家庭电器、金融设备等。

在工业环境下，HMI 普遍是通过显示屏的形象出现的，在大部人看来就像是一台计算机的屏幕或者像一个平板电脑。用于工业生产的 HMI 接口较多并且可嵌入机器里，通过这些接口可以连接很多设备，如可编程控制器、变频器、直流调速器、仪表和工业设备等。随着工业 4.0 和物联网的发展，HMI 在工业领域的应用越来越广泛，它在提高生产效率、优化资源利用和实现智能制造方面发挥着重要的作用。

WebHMI 中的 Web 是 World Wide Web( 万维网 ) 的简称，因此 WebHMI 从名称上可以认为是基于网络的人机交互界面。它除了具备传统人机界面的特性，还具备网络特性。也就是可以通过网络读取人机交互界面的相关内容，而不必须配置专门的 HMI 硬件设备，利用网页可以实现传统触摸屏的功能。下面就详细地讲述 WebHMI 画面的建立方法。

### 6.1.1　新建画面

首先打开 PLCnext Engineer 软件，如图 6-1 所示，可以看到界面的分区和功能以及界面显示的情况。页面管理区域、页面编辑区域以及控制区域是建立画面的主要工作区。

WebHMI 画面的建立

图 6-1　界面显示

在左侧实例化页面 HMI Webserver 下拉菜单中选择 Application，右键单击选择添加 Add HMI Page，如图 6-2 所示，这样就建立了一个空的画面界面。

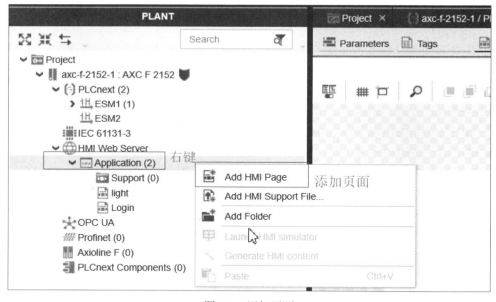

图 6-2　添加画面

一般情况下，一个控制程序的画面应该不止一个，设计人员会按照显示内容的类别或者操作性质的不同，将画面内容进行分类，安放在不同的画面内。这时就需要设置起始画面，以保证每次画面启动的时候都会显示该画面。起始画面一般包含设备的总状态信息、报警信息、主要操作按钮以及其他页面的跳转按钮。在本次设计软件中起始画面的设置如图 6-3 所示，选中要设置为起始画面的文件，右键弹出菜单，选择 Set HMI Page as Startup 选项，完成起始画面的设置工作。

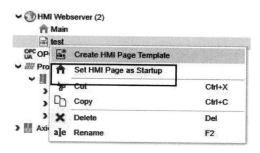

图 6-3　起始画面设置

## 6.1.2　添加控件

建立新的画面后，在设计过程中为了使得画面的表现更加丰富，往往需要加入一些可视化的图形来增强表现力。例如，在表示电机运转时增加一个百分比仪表盘，说明电机运转的状态；表现温度变化时增加一个温度曲线来反映温度的变化情况等。要达到这样的表现效果就需要调用控件库文件来丰富画面，这时可以在页面右侧控件库添加自己所需的控件来达到目的，如图 6-4 所示。

WebHMI 画面
控件的添加

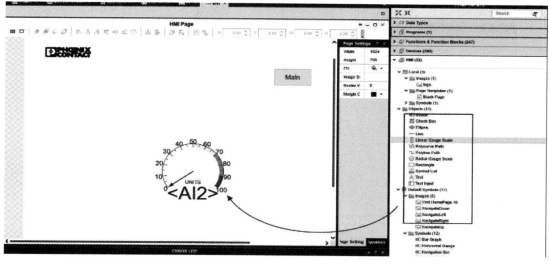

图 6-4　添加控件

# 6.2　WebHMI 变量的建立与基本控件设置

完成了 WebHMI 主画面和主控件的新建后，就需要对画面中使用到的变量进行设置管理以及基本控件的设置，这些内容将在接下来的章节中学习。

## 6.2.1　建立本地变量

WebHMI 画面建立后，画面上的状态显示和操作按钮都需要和程序中的变量连接，这样才能达到系统状态实时显示、控制命令实时传输的目的。

WebHMI
变量的建立

这就要求对画面进行变量的建立，而程序变量又分为本地变量和全局变量，下面先学习怎么建立本地变量。

本地变量建立时，如需要加载变量可以通过如下方法实现：在部件栏中选择 Programming 选项下 Local 菜单中的 Programs 选项，打开后选择 Main 主程序双击打开，在打开的编辑区左上角选中 Variables 选项卡，勾选所选要加载的变量，如图 6-5 所示。

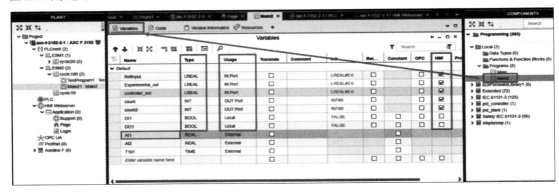

图 6-5    本地变量选择

之后按照图 6-6、图 6-7 所提示的步骤进行本地变量的建立。

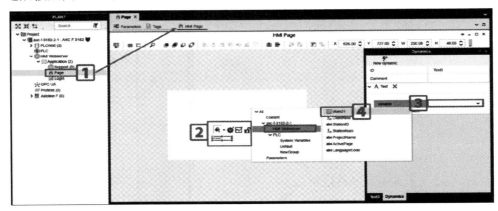

图 6-6    本地变量的建立步骤

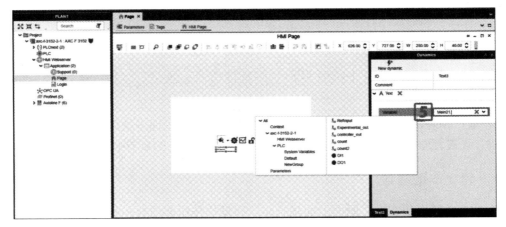

图 6-7    完成本地变量的建立

## 6.2.2　建立全局变量

画面全局变量的建立需要首先选择工程栏内的 PLC 菜单，在中间编辑界面的左上方点击选择 Data List 选项卡，然后完成图 6-8 所示的操作。

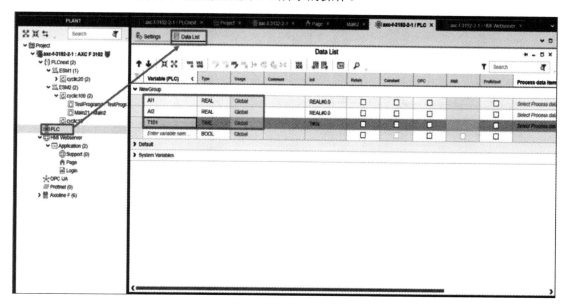

图 6-8　全局变量选择

依次按照图 6-9 所示的步骤完成全局变量的关联使用。

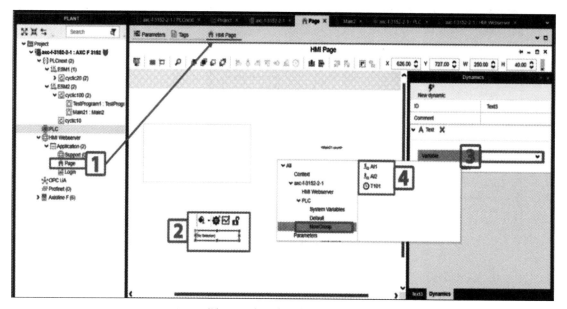

图 6-9　全局变量的关联使用

完成上述操作之后按照图 6-10、图 6-11 的示意搭建完成全局变量。

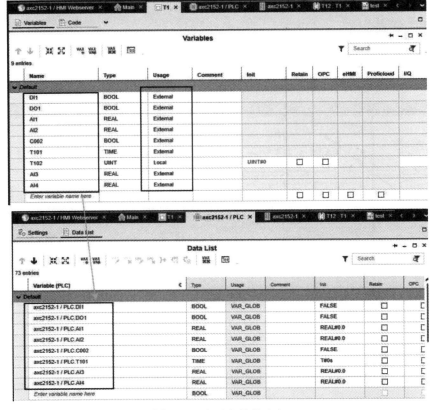

图 6-10　全局变量的建立

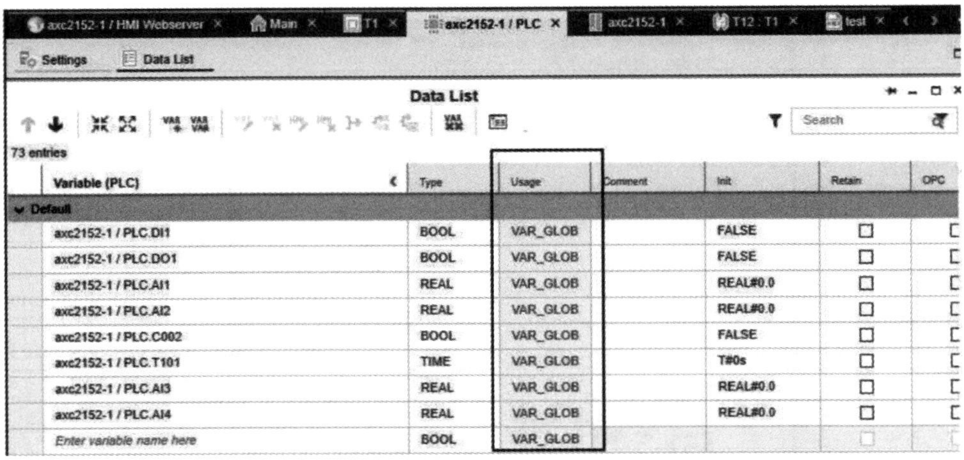

图 6-11　完成全局变量的建立

## 6.2.3　基本控件设置

菲尼克斯 WebHMI 画面控件包含很多种，如按钮、平面图形、柱状图、图片等。下面就针对典型的画面基本控件讲述其设置方法和主要的注意事项。

WebHMI 基本
控件设置

1. 按钮设置

按钮的主要功能包括对布尔型变量赋值、调用其他画面等。按钮设置时除了对功能的设置外，还要对按钮的显示状态进行设置。

1) 按钮文本设置

首先双击打开前文建立好的画面页面，然后在部件栏选择 HMI 选项，在下面的 Objects 分项中选中第一个 Button，拖拽到画面页面的合适位置。双击按钮在右侧的属性栏中找到 Text 选项进行按钮文本设置，如图 6-12 所示。

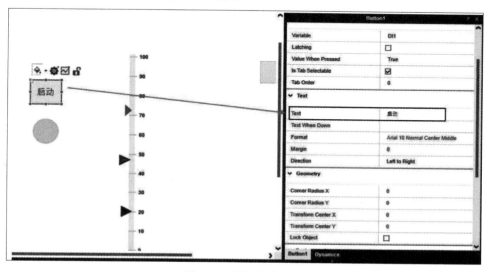

图 6-12　按钮文本设置

2) 按钮关联变量

接着在按钮属性栏中找到 Behavior 选项，然后在 Variable 下拉菜单中选择按钮需要关联的变量，如图 6-13 所示。

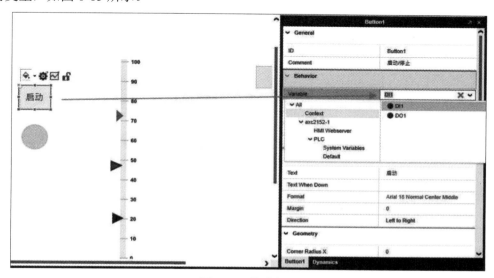

图 6-13　关联变量

**3) 按钮调用画面设置**

设置按钮的调用画面功能时，双击按钮之后弹出按钮属性栏，在属性栏下面选择 Dynamics 选项，点击 New dynamics 选择添加动作，选择单击操作，如图 6-14 所示。然后在添加的动作下拉菜单中进行画面调用的设置，如图 6-15 所示。

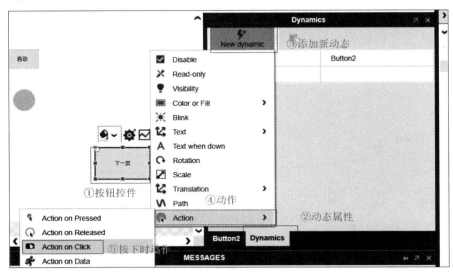

图 6-14　添加按钮动作

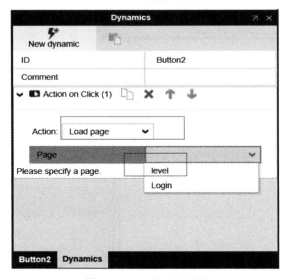

图 6-15　画面调用设置

**2. 平面图形设置**

在设备运行画面中经常会使用到平面图形来表征设备的状态，例如使用一个闪烁的圆形图形代表报警灯。这个功能在菲尼克斯 WebHMI 中可以使用平面图形 (Shape) 控件来实现。

**1) 平面图形背景颜色设置**

首先在部件栏选择 HMI 选项，在下面的 Objects 分项中选中 Ellipse，然后在画面合适的位置鼠标右键画出一个圆形，在右侧的属性栏中选择 Background，设置图片背景颜色，如图 6-16 所示。

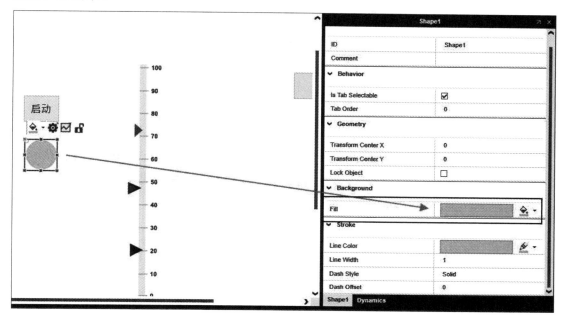

图 6-16　平面图形背景颜色设置

2) 平面图形变量关联及闪烁属性设置

在属性栏下面选择 Dynamics 选项，点击 New dynamics 选择添加动作，选择闪烁属性(Blink)，设置平面图形关联的变量如图 6-17 所示，然后设置变量在不同状态下的闪烁颜色，如图 6-18 所示。

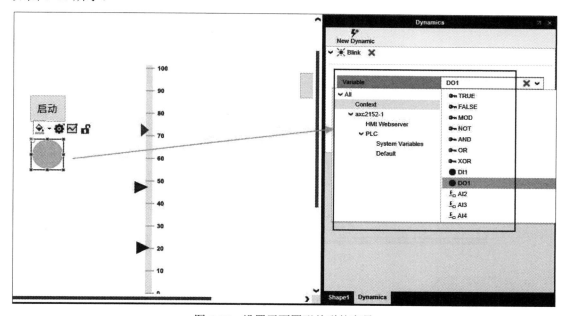

图 6-17　设置平面图形关联的变量

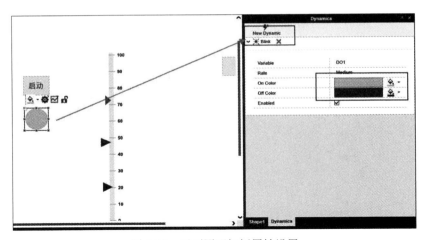

图 6-18　平面图形闪烁属性设置

### 3. 柱状图设置

在画面的设计中还经常要表示变量的变化程度和当前值所在范围区间的位置，这种情况下使用柱状图这样的控件效果非常不错，下面就讲述柱状图的设置方式。

1) 柱状图设置

在部件栏选择 HMI 选项，在下面的 Default 分项中选中 Symbols，打开后选择 Bar Graph，选中后拖拽至画面的合适位置。在右侧的属性菜单中可以对柱形图的各种参数进行设置，具体设置方法类似于前面图形和按钮的设置，可以参考进行。

2) 柱状图变量关联

柱形图的变化对应的是其所关联的变量的变化情况，所以在完成柱形图参数设置后还需要将其与所示变量进行关联。选择右侧属性菜单中的 Parameters 选项，选择变量的类型，选定关联的变量，操作如图 6-19 所示。

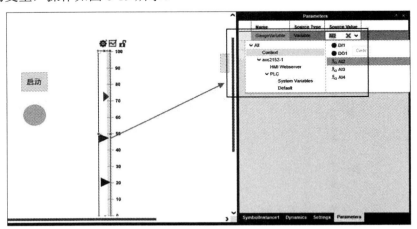

图 6-19　柱形图变量关联

### 4. 外部图片导入

设计画面时软件自带的控件如果不能满足我们的要求，比如需要插入项目客户公司的 LOGO，这时可以将外部的图片导入到控件库，之后再进行调用。首先在部件栏选择 HMI 选项，然后选中 Local 分项，右键弹出菜单，在菜单中选择 Add HMI Image 选项，如图 6-20

所示。接着找到需要添加进控件库的图片文件，命名后进行添加。调用的时候只需要在 Local 选项下找到命名的图片控件，拖拽到画面指定位置就可以完成调用了。

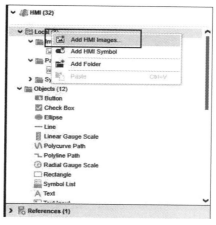

图 6-20　控件库外部图片添加

## 6.3　趋势图的设置与 eHMI 的自动生成

程序控制的过程中，一些涉及工艺的过程变量和一些重要的参数变量往往需要对其变化过程和发展趋势进行监控，这时变量趋势图的优势就得以凸显。在菲尼克斯 WebHMI 中有专门的趋势图组件能够满足上述的需要。

趋势图的设置

首先将程序中需要绘制趋势图的变量设为 Port，双击项目工程栏中的 PLCnext 选项，打开 Data Logger Sessions，创建一个 Session 并选中创建的 Port，如图 6-21 所示，将 Type 选为 TSDB(Time Series Database)。

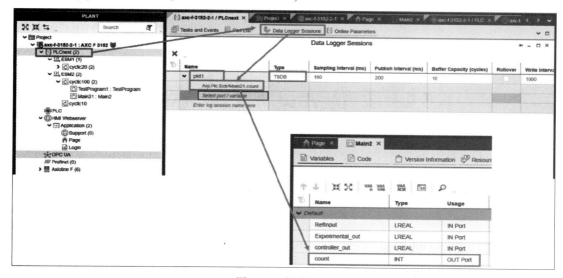

图 6-21　创建 Port

然后双击 HMI Webserver-Application 创建的页面，打开 HMI Page。在界面中添加 HMI Objects-Chart，打开 Chart 的设置界面在 Chart-Data logger session 中选择刚刚创建的 session，如图 6-22 所示，将 Chart 调整为合适的大小即可下载并在网页进行实时监测。

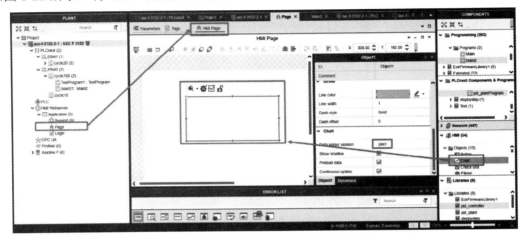

图 6-22　创建 Chart

在网页中可通过鼠标框选或拖拉下方的横轴坐标进行放大或缩小，也可通过点击纵轴的数据名称切换数据的显示或隐藏，如图 6-23 所示。

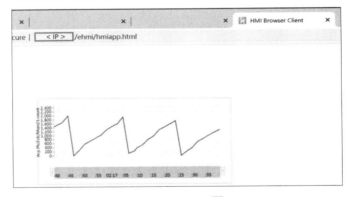

图 6-23　Chart 图

# 6.4　设置起始页面与 Web 登录

对于一个完备的工业控制系统，它的人机交互界面所包含的内容往往是丰富全面的，因此所有的人机交互内容极少能用一页人机界面画面完全囊括，而是要根据人机交互界面的内容进行分类、分页显示。在所有的人机交互页面中有一页画面作为主控画面，需要将其设置为起始页面。

## 6.4.1　设置起始页面

在前面章节 6.1.1 中曾经讲述了起始页面的设置方法。起始页面的主

WebHMI 起始
页面设置

要作用是显示设备的信息、设备的运行状态和报警信息；同时还会有设备主要操作的按钮，如启动、停止、连续运行、故障复位等；起始页面还有另外一个重要的作用就是作为导航页而存在，通过起始页面可以跳转到其他子页面或者子页面目录导航页，对于画面较多的项目，起始页面的作用十分重要。菲尼克斯软件中起始页面的设置如图 6-24 所示，选中要设置为起始页面的文件，右键弹出菜单，选择 Set HMI Page as Startup 选项，完成起始页面的设置。

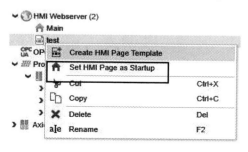

图 6-24　起始页面的设置

## 6.4.2　Web 登录

通过上述章节的讲述，可以完成控制程序的建立和控制画面的设计，对于菲尼克斯控制系统，可以通过 Web 网络实现对程序和控制画面的访问和监控。在网页中填入控制器的 IP 地址 ( 如 https://192.168.1.10) 之后就可以看到控制程序对应的控制画面了，如图 6-25、图 6-26、图 6-27 所示。

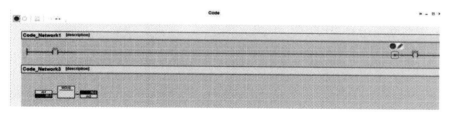

图 6-25　Web 界面控制程序

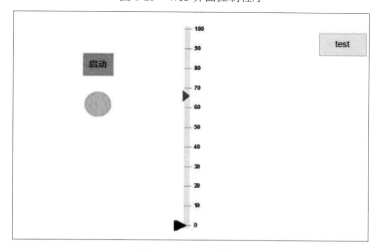

图 6-26　Web 画面 1

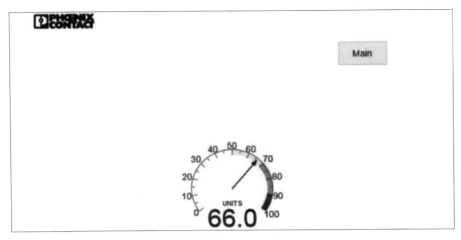

图 6-27    Web 画面 2

# 课 后 习 题

1. HMI 的具体含义是什么？
2. 在菲尼克斯 PLCnext Engineer 软件中如何添加画面控件？
3. 在菲尼克斯 WebHMI 画面建立后如何建立本地变量与全局变量的连接？
4. 菲尼克斯 WebHMI 画面按钮控件如何添加，属性如何设置？
5. 菲尼克斯 WebHMI 画面中趋势图如何使用？

# 第 7 章

# 菲尼克斯可编程控制器 Proficloud 的设计

在工业生产中云计算包含基于互联网的 IT 基础架构，通过此基础架构可实现系统、工厂、产品、机器和公司的全球联网。菲尼克斯的 Proficloud 为生产提供了简单、标准化的软件服务解决方案，可以智能地管理设备、最大程度地缩短停机时间并提高可用性。

## 7.1 PLCnext 的网络设置与文件配置

本小节主要学习菲尼克斯可编程控制器 Proficloud 设计过程中的网络设置方法和文件配置方式。

### 7.1.1 网络设置

要实现菲尼克斯可编程控制器 Proficloud 的设计，需要首先对控制系统的网络进行设置。控制系统与外部网络相连的网络端口必须与内部网络在相同的区域内。菲尼克斯 PLCnext 控制器根据型号不同，网口的分布也有差别。PLCnext 1152/2152 提供两个网口，两个网口共享同一个 IP 地址且都可以与外网通信；PLCnext 3152 提供三个网口，分别拥有不同的 IP 地址且都可以与外网通信，通常情况下 PLCnext 3152 的三个网口建议设置为不同的网段，选择用来连接外网的网口应与被选的网口处于同一网段。我们使用电脑进行网络设置时，可以采用不同的连接方式来配置，具体如下。

1) 方法一

使用 WiFi 路由器，电脑连接该 WiFi，PLCnext 使用网线连接至路由器上。用此种方式时，PLCnext 被连接的网口应配置为与该路由器同一网段。

如图 7-1 所示，PLCnext 3152 使用 LAN1 连接至外网，查看电脑连接的 WiFi 属性可以看到地址为 192.168.1.207，网段为 1，所以将 PLCnext 的 LAN1 网口配置为 1 网段 ( 地址不可与电脑的重复 )。此处 PLCnext 1152/2152 仅有一个 IP 地址，而 3152 有三个 IP 地址，如此时其中一个网口与外网为同一网段，则可将网线插至此网口。IP 更改方式已经在前文中提到，这里不再进行描述，需要注意 3152 的 IP 设置方式较为复杂，在更改过后需要在图 7-1 中的网页界面进行确认 ( 在此例子中使用与外网相连的 LAN1 口的 IP 地址 )，同时确认连接外网的网口的网关的配置是否正确。

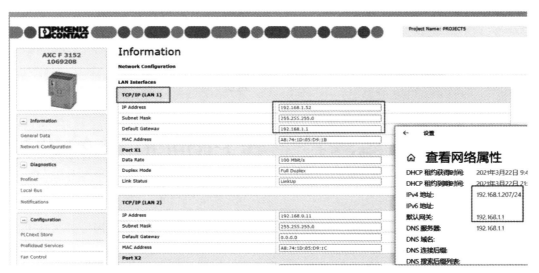

图 7-1　网络设置 1

2) 方法二

使用外网的网线插至 PLCnext 上，再从另一个 PLCnext 的网口用网线连至电脑。

如图 7-2 所示，外网通过 LAN1 网口连接至 PLCnext 3152，电脑通过 LAN2 网口连接至 3152，此时 LAN1 网口应与方法一一样配为与外网对应的 IP、子网掩码以及网关。连接电脑的 LAN2 网段应与电脑的以太网口一致，可更改电脑的以太网口的属性或配置 LAN2 网口的 IP 地址。同样，在更改完成后应在 WBM 界面中确认是否更改成功。注意，通过方法二在浏览器中打开 WBM 时应使用与电脑相连的 LAN2 网口的地址，即 192.168.0.11。

上述例子中使用的控制器型号为 PLCnext 3152，如使用 PLCnext 1152/2151 则设置更为简单，因为 PLCnext 1152/2151 只有一个 IP 地址，所以保证 PLC、电脑以太网以及外网处于同一网段即可。

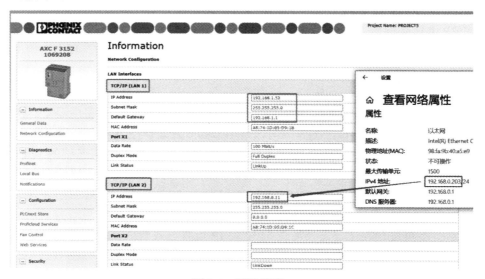

图 7-2　网络设置 2

## 7.1.2　文件配置

与 PLCnext 建立连接后，使用 PuTTY 软件进行文件配置 ( 注意，此处连接方式为方法一，如使用方法二需使用上文中提到的打开 WBM 的 IP 地址进行连接 )，如图 7-3 所示。

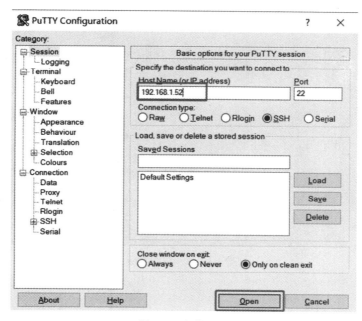

图 7-3　文件配置

在 PuTTY Configuration 界面中的相应位置输入 PLC 的 IP，点击 Open 打开图 7-4 所示的界面。在界面中输入用户名和密码，密码一般在 PLC 的侧面，注意在输入 PLC 密码时光标不会移动，也不会显示输入的内容，输入完成后按下键盘 Enter 键即可。

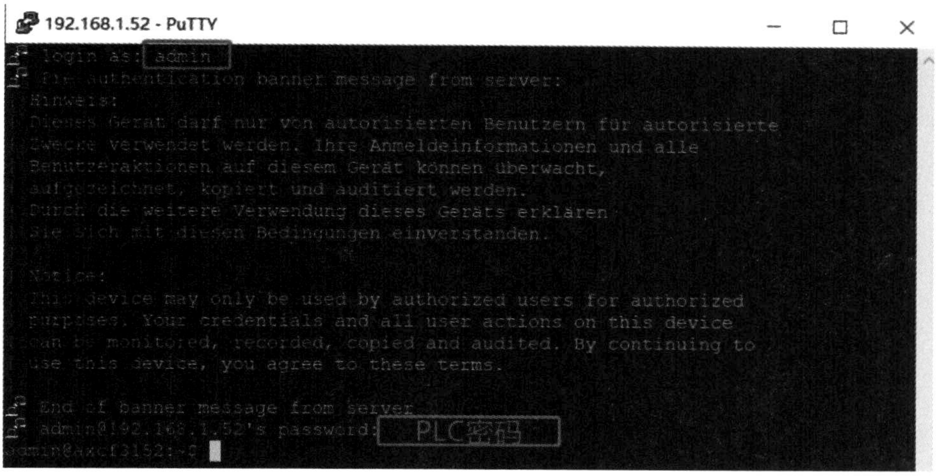

图 7-4　密码登录界面

　　此处如果是第一次进行设置，则还需要设置 root 权限的密码，使用指令 sudo passwd。此处 root 权限的密码与 PLC 的密码用处不同，在使用 PLCnext Engineer 软件进行连接时还应使用 PLC 密码，如图 7-5 所示。

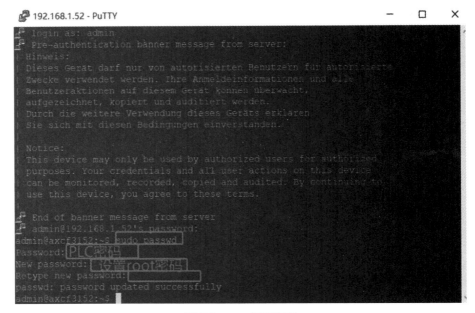

图 7-5　root 权限密码

此时输入指令 su root 进入 root 权限，如图 7-6 所示。

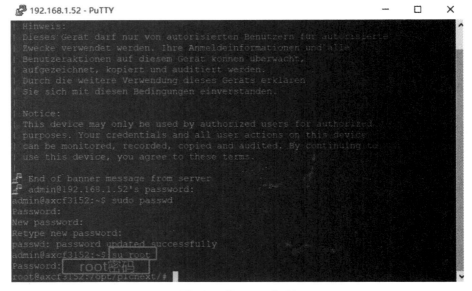

图 7-6　进入 root 权限

　　输入 nano /etc/plcnext/device/Services/ProfiCloud/proficloud.settings.json 后按下回车键，打开图 7-7 所示的界面。

图 7-7　proficloud.settings

界面中需要确认 host 是否为 www.proficloud.net.cn，port 值是否为 443，protocol 是否为 https。如果设备是第一次连接到中国的 proficloud，还要清空以下两个参数的值：

(1) api_token；

(2) com_token。

如果设备的固件版本为 2021.0 及以上，则需手动更改以下两个参数的值：

(1) service_enabled:1；

(2) tsd_service_enabled:1。

更改完毕后使用 Ctrl + X 然后输入 Y 保存修改。注意保存后可关闭 PuTTY，然后重新打开此配置查看是否保存成功。

接下来需要检查 PLCnext 的时区时间设置，如图 7-8 所示。

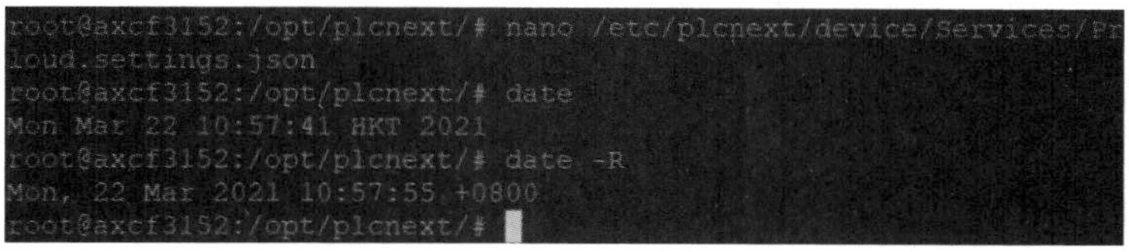

```
root@axcf3152:/opt/plcnext/# nano /etc/plcnext/device/Services/Pr
loud.settings.json
root@axcf3152:/opt/plcnext/# date
Mon Mar 22 10:57:41 HKT 2021
root@axcf3152:/opt/plcnext/# date -R
Mon, 22 Mar 2021 10:57:55 +0800
root@axcf3152:/opt/plcnext/#
```

图 7-8　时区时间设置

Linux 系统中东八区是没有北京的，只有香港。可以看到图 7-8 中输入 date 指令查看时间，通过 date-R 指令查看时区。要保证时间和时区正确，否则可能出现连接不上 Proficloud 的情况。

如果 PLC 的时区时间与正确的不符，可以在 cp/usr/share/zoneinfo/Asia/Hong_Kong/etc/localtime 中进行修改 ( 注意该操作需要 root 权限 )，具体如下：

修改日期：date-s 03/22/2021

修改时间：date-s 14:30:26

以上为所有需要配置的设置，更改完成后重启 PLCnext，再次查看以上所有配置的情况，如有修改不成功的需要重复以上操作。配置完成后可通过 PING 47.101.34.7 进行外网的测试，如图 7-9 所示。

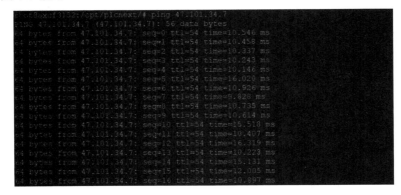

图 7-9　通信测试

或通过 PING www.baidu.com 进行测试，如果连接正确，则回应如图 7-10 所示，如显示 bad 则说明连接失败。

图 7-10　测试结果显示

## 7.2　PLCnext 与 Proficloud 的连接

PLCnext 与
Proficloud 的连接

下面将完成 PLCnext 与 Proficloud 的连接操作，首先打开网页输入 https://www.proficloud.net.cn，在网页内输入账号密码登录，如图 7-11 所示。

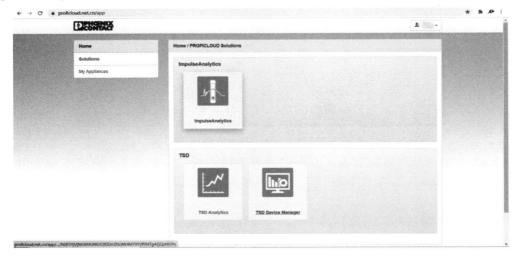

图 7-11　Proficloud 网页登录

在登录后的网页中点击 TSD Device Manager 选项，在右面的界面内点击 Add 添加设备，如图 7-12 所示。

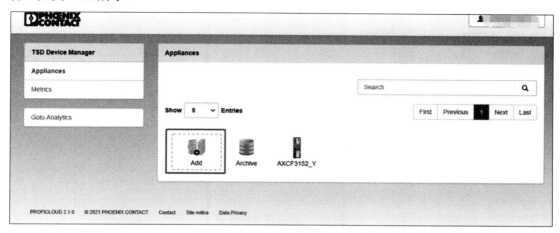

图 7-12　添加设备

在弹出的对话框中输入设备的 UUID 以及自定义的一个设备的名字，如图 7-13 所示。设备的 UUID 可以在 WBM 界面查找到，如图 7-14 所示。

图 7-13　设备信息输入

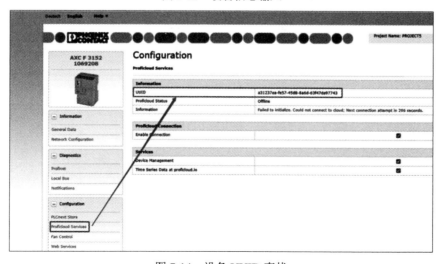

图 7-14　设备 UUID 查找

设备添加完后，该设备会出现在如图 7-15 所示的显示界面内。

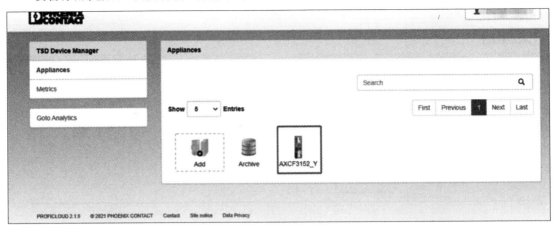

图 7-15　设备添加后显示

双击点开此设备，然后选择 Auto-Discover 选项，如图 7-16 所示，可以看到程序中已经上传的变量。

图 7-16　程序已上传的变量

## 7.3　PLCnext 数据创立与 WBM 中 Proficloud 的设置

完成 PLCnext 与 Proficloud 的连接后，接下来要对变量进行关联操作，以便在 Proficloud 界面中看到新建的变量。本节将学习 PLCnext WBM 中的 Proficloud 设置与数据的创立方法。

PLCnext 数据创立与设置

## 7.3.1　PLCnext WBM 中 Proficloud 的设置

对 PLCnext Engineer 程序中的变量进行 Proficloud 关联操作前，首先要对 WBM 中的 Proficloud 进行设置，打开网页的 WBM 界面，在 Proficloud 中将选项勾选并点击 Apply，如图 7-17 所示。

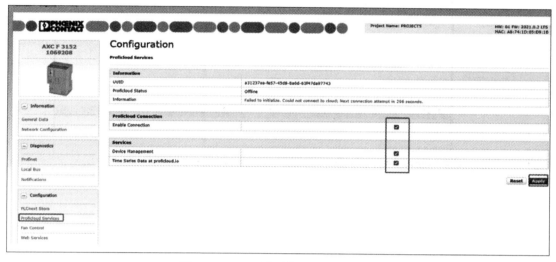

图 7-17　WBM 界面的 Proficloud 设置

此界面对应的固件版本为 2021.0，如是 2020 以及以下版本可能有所不同，但是操作是相同的。2021 版本的 WBM 界面中目前还无法显示 Proficloud 的正确连接情况，看到图 7-17 中红色的 Failed to Initialize 提示可以忽视。而在 2020 版固件下，变量连接后会显示 Online 的状态信息，如图 7-18 所示。

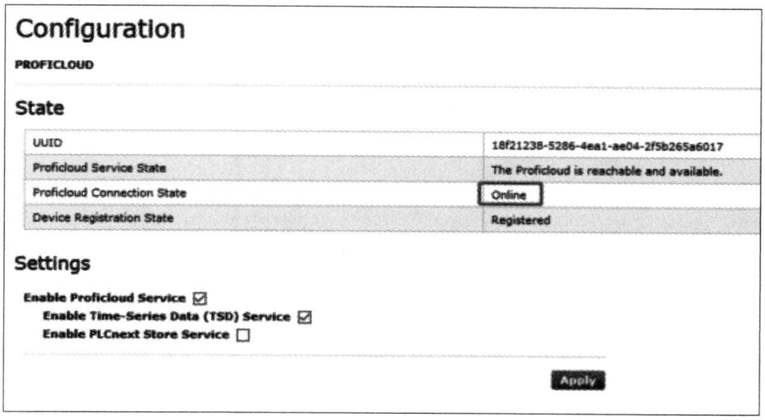

## Configuration
**PROFICLOUD**

## State

| UUID | 18f21238-5286-4ea1-ae04-2f5b265a6017 |
|---|---|
| Proficloud Service State | The Proficloud is reachable and available. |
| Proficloud Connection State | Online |
| Device Registration State | Registered |

## Settings

**Enable Proficloud Service** ☑
　　**Enable Time-Series Data (TSD) Service** ☑
　　**Enable PLCnext Store Service** ☐

Apply

图 7-18　Proficloud 的连接情况

## 7.3.2　PLCnext 数据创立

在 PLCnext Engineer 中选择一个程序创建变量，将变量的 Usage 选为 OUT Port，并勾选 Proficould 的选项，如图 7-19 所示。程序下载后即可在 Proficloud 界面中看到新建的变量，如图 7-20 所示。

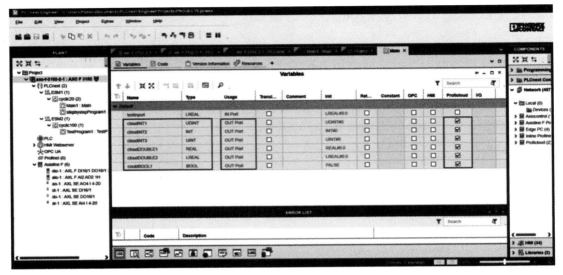

图 7-19　程序变量设置

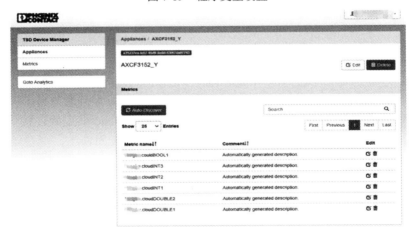

图 7-20　程序变量显示

## 7.4　Proficloud 数据展示

　　Proficloud 登录后，在网页中点击 TSD Device Manager 选项，点击选择下方的 Goto Analytics 进入可视化界面，如图 7-21 所示。

图 7-21　可视化界面启动

在可视化界面中点击右下角区域的 New Dashboard 选项可以新建界面，如图 7-22 所示。接着可以选择一个组件进行显示，如图 7-23 所示。

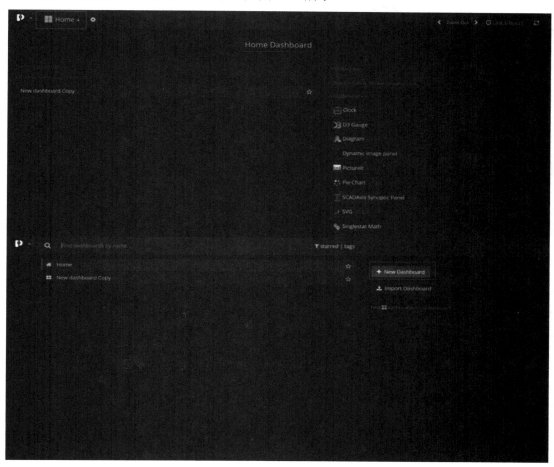

图 7-22　新建可视化界面

图 7-23　组件选择

组件选择后，点击 Panel Titile 处的 Edit 进入界面，在 Data Source 处选择用户名，在 Metric 处输入"用户名 +."会自动关联到读取到的变量，如图 7-24 所示。

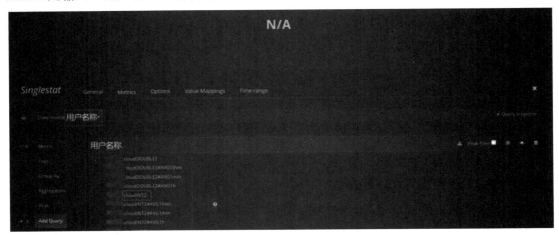

图 7-24　变量自动关联

# 课 后 习 题

1. 菲尼克斯控制器 Proficloud 设计前如何对电脑网络进行设置？
2. 与 PLCnext 建立连接后，首次使用 PuTTY 软件进文件配置需要如何操作？
3. 如何实现 PLCnext 与 Proficloud 的网络连接？
4. 在 Proficloud 登录后如何进入可视化界面？

# 第 8 章

# 西门子可编程控制系统

西门子可编程控制系统以其优良的性能和广泛的使用成为现阶段我国主流 PLC 控制品牌之一。无论是在实际的生产中还是实验学习中，西门子可编程控制系统都具有强大的解决能力，因此在学习了菲尼克斯可编程控制系统后，我们再系统了解西门子可编程控制系统的使用方法，为大家提供两种不同品牌可编程控制系统的对比学习机会。

## 8.1 西门子系列 PLC 介绍

西门子可编程逻辑控制器产品系列众多，从低端的西门子 LOGO! 控制器到高端的西门子 PLC S7-1500 系列，遍布工业控制的各个层次。针对工业自动化控制领域各种行业的各种需求，西门子一般都能为用户提供适合的解决方案。

### 8.1.1 西门子系列 PLC 简介

SIMATIC 是西门子自动化系列产品的统称，来源于 SIEMENS + Automatic( 西门子 + 自动化 )。SIMATIC 系列 PLC 经历了 S3、S5、S7 等代的发展，现已成为应用非常广泛的可编程控制器，其发展历程如下：

(1) 西门子公司的产品最早是于 1975 年投放市场的 SIMATIC S3，它实际上是带有简单操作接口的二进制控制器。

(2) 1979 年，S3 系列 PLC 被 SIMATIC S5 所取代，该系列广泛地使用了微处理器。

(3) 20 世纪 80 年代初，S5 系列 PLC 进一步升级为 U 系列 PLC，较常用的机型有 S5-90U、S5-95U、S5-100U、S5-115U、S5-135U、S5-155U 等。

(4) 1994 年 4 月，S7 系列 PLC 诞生。它具有更国际化、更高性能等级、更小安装空间、更良好的 Windows 用户界面等优势，其机型为 S7-200、S7-300、S7-400。

(5) 1996 年，在过程控制领域，西门子公司又提出 PCS 7( 过程控制系统 7) 的概念，将其具有优势的 WinCC( 与 Windows 兼容的操作界面 )、PROFIBUS( 工业现场总线 )COROS( 监控系统 )、SINEC( 西门子工业网络 ) 及控调技术融为一体。

(6) 同年，西门子公司还提出了全集成自动化系统 (Totally Integrated Automation，TIA) 概念，将 PLC 技术融于全自动化领域。

如今 S3、S5 系列 PLC 已逐渐退出市场，而 S7 系列 PLC 发展成为西门子自动化系统的控制核心，如图 8-1 所示。

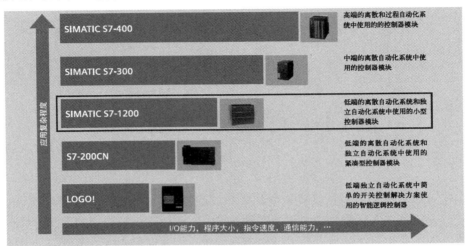

图 8-1　西门子 S7 系列 PLC 产品

西门子 S7 系列 PLC 主要有 S7-200、S7-300、S7-400，其中 S7-200 是小型 PLC，S7-300 是中型 PLC，S7-400 是大型 PLC。随着技术和工业控制的发展，西门子在技术层面上升级推出了 S7-1200 的 PLC，作为替代 S7-200 的产品。S7-200 的编程软件不能和 S7-300、S7-400 兼容，而 S7-1200 和 S7-300、S7-400 可以在西门子推出的 TIA 编程软件里开发相同的一个项目，即 TIA（包括 STEP7 和 WinCC）可以对项目的 S7-1200、S7-300、S7-400 和 WinCC 进行集成。现在西门子主推 TIA，即 TIA 编程软件可以对西门子所有的 PLC 产品进行编程、开发、集成。

## 8.1.2　西门子 S7-1200 PLC 的特点

S7-1200 PLC（也称 S7-1200）设计紧凑、组态灵活、成本低廉，具有功能强大的指令集，具有集成的 PROFINET 接口、强大的集成工艺功能、灵活的可扩展性、强大的通信能力等特点，广泛应用于电力、冶金、机械制造、化工等行业，满足工业自动控制的多方面需求，在国内外都占有很大的市场份额。

S7-1200 PLC 设计的控制系统在软件和硬件方面均非常灵活，能够根据用户的需要灵活配置输入 / 输出设备、信号板、通信模块等，程序设计简单、功能性强，用户可根据实际情况配置硬件组成。其开发环境是西门子公司的高集成度工程组态系统——TIA Portal。该软件操作直观、上手容易、使用方便简单，可以为用户提供项目视图、用于图形化工程组态的用户接口技术、智能拖放功能、共享数据处理等，能有效保证项目的质量。

西门子 S7-1200 PLC 是一款广泛应用于自动化控制领域的可编程逻辑控制器，它有以下特点。

(1) 设计紧凑：S7-1200 PLC 具有紧凑的外形尺寸，适合安装在空间有限的环境中，这使得它在各种应用场景下都能轻松集成。

(2) 高性能：尽管体积小巧，但 S7-1200 PLC 仍具有出色的处理能力和高速运行特性。它可以处理复杂的控制算法和实时任务，确保系统的稳定性和可靠性。

(3) 支持多种通信接口：S7-1200 PLC 支持多种通信接口，如以太网接口、串行接口和

PROFIBUS 接口，可与其他设备进行数据交换和通信，这为系统集成和扩展提供了灵活性。

(4) 具有用户友好的编程环境：S7-1200 PLC 使用 TIA Portal 编程软件，提供直观的图形化界面和丰富的功能模块，简化了程序开发和调试过程。同时，它支持多种编程语言，如图表、结构化文本和函数块图，可以满足不同用户的需求。

(5) 高安全性：S7-1200 PLC 内设置了多重安全机制，包括访问密码、数据加密和运行时的安全监测，这些措施可以保护控制系统免受未经授权的访问和恶意攻击。

总体而言，西门子 S7-1200 PLC 具有紧凑、高性能、灵活性强、易于使用和较高的安全性等特点，使其成为许多自动化控制应用的理想选择。

## 8.2　S7-1200 PLC 的结构组成

本节主要讲解 S7-1200 PLC 控制系统的硬件组成、工作原理和系统配置等知识，如图 8-2 所示，主要包括 PLC 如何接收和处理输入 / 输出信号、PLC 的工作原理和 CPU 特性，以及 PLC 系统的各个组件和系统配置的关键信息等内容。通过深入了解这些内容，可以更好地理解 PLC 控制系统的工作原理并应用于自动化控制中。

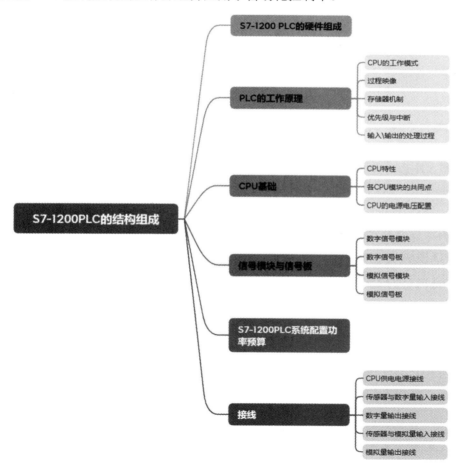

图 8-2　S7-1200 PLC 的结构组成

S7-1200 PLC 硬件系统的组成采用整体式加积木式，即主机中包括一定数量的 I/O 口，同时还可以扩展各种接口模块。S7-1200 PLC 的硬件主要由中央处理器 (CPU)、电源、输入单元、输出单元、外部设备、扩展接口、通信接口等部分组成。S7-1200 PLC 的硬件组成如图 8-3 所示。

在控制系统最左端一般布置的是通信模块 (CM) 或通信处理器 (CP)，在通信模块之后安装 CPU 模块。控制系统的 I/O 扩展可以通过信号板 (SB) 或者信号模块 (SM) 来实现，信号板 (SB) 主要包括数字信号板、模拟信号板、通信板 (CB) 和电池板 (BB)，而信号模块 (SM) 主要包括数字信号模块、模拟信号模块、热电偶信号模块、RTD 和工艺信号模块。

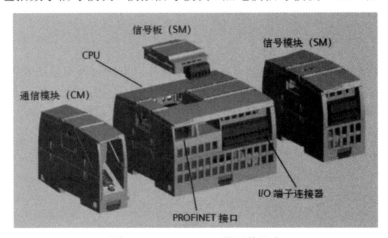

图 8-3　S7-1200 PLC 的硬件组成

S7-1200 PLC 现在常用的 CPU 模块根据配置不同分为五种型号，分别是 CPU 1211C、CPU 1212C、CPU 1214C、CPU 1215C 和 CPU 1217C。CPU 本体可以扩展 1 块信号板，左侧可以扩展 3 块通信模块，而所有信号模块都要配置在 CPU 的右侧，最多 8 块。

CPU 是 PLC 的核心，输入单元与输出单元是连接现场输入 / 输出设备与 CPU 之间的接口电路，通信接口用于与编程器、上位计算机等外部设备 ( 简称外设 ) 连接。下面对各部分的作用进行简单介绍。

### 1. CPU 模块

S7-1200 PLC 的 CPU 模块将微处理器、集成电源、输入和输出电路、内置 PROFINET、高速运动控制 I/O 端口以及板载模拟量输入组合到一个设计紧凑的外壳中，形成功能强大的控制器。CPU 模块主要由微处理器 (CPU 芯片 ) 和存储器组成，它相当于人的大脑，不断地采集输入信号、执行用户程序、刷新系统的输出。常采用的 CPU 芯片有通用微处理器、单片微处理器和位片式微处理器等。

存储器主要用于存放系统程序、用户程序和工作状态数据。系统程序相当于个人计算机的操作系统，由 PLC 生产厂家设计并固化在只读存储器中。用户程序和工作状态数据用于存放用户的应用程序和各种数据，其中用户程序由用户设计，完成用户要求的特定功能，常用的物理存储器有随机存取存储器 (RAM)、只读存储器 (ROM) 和电可除可编程只读存储器 (EEPROM) 等。

2. 电源模块

电源模块将交流电源转换成可供 CPU、存储器以及所有扩展模块使用的直流电源。PLC 一般采用高质量的开关电源，工作稳定性好，抗干扰能力比较强。电源模块的选择使用应先计算所需电流的总和，核实电源的负载能力，还需留有适当的余量。

3. 输入 / 输出模块

输入 / 输出模块简称 I/O 模块，是 CPU 与现场输入 / 输出设备或其他外部设备之间沟通的桥梁。

1) 数字量输入模块

数字量输入模块的输入电路中设有光电隔离电路、滤波电路，以防止由于输入触点抖动或外部干扰脉冲引起错误的输入信号。每路输入信号均经过光电隔离、滤波，然后送入输入缓冲器等待 CPU 采样，每路输入信号均有 LED 显示，指示输入信号的状态。数字量输入模块分为直流输入模块和交流输入模块。

直流数字量的输入电路如图 8-4 所示，根据具体的电路形式分为源型和漏型。交流数字量输入电路与直流数字量输入电路类似，主要区别在于电源为交流电源，同时电路中增加了一个整流环节。在图 8-4 中，直流数字量输入电路将若干个输入点组成一组，共用一个公共端 COM。每一个点构成一个回路，图中只画出了一路。回路中的电流流向是从输入端流入 PLC，再从公共端流出。交流数字量输入电路中，在整流环节后还有一个由电阻和电容构成的 RC 滤波电路，光耦将现场信号与 PLC 内部电路隔离，并且将现场信号的电平转换为 PLC 内电路可以接受的电平。LED 用来指示当前数字量输入信号的高、低电平状态。

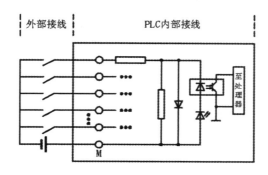

图 8-4　漏型数字量输入电路

目前市面上有很多 PLC 采用双向光电耦合器，并且使用两个反向并联的 LED，这样一来，DC 24 V 电源的极性可以任意接，电流的流向也可以是任意的，这种形式的电路可参考系统手册或其他相关资料。

2) 数字量输出模块

数字量输出模块的作用是将内部的电平信号转换为外部所需要的电平等级输出信号，并传给外部负载。每个输出点的输出电路可以等效成一个输出继电器。按负载使用电源的不同，输出模块可分为直流输出模块、交流输出模块和交直流输出模块三种；按输出电路所用的开关器件的不同，输出模块可分为继电器输出模块、晶体管输出模块和晶闸管输出模块。它们所能驱动的负载类型、负载的大小和响应时间是不一样的。

（1）继电器输出模块。如图 8-5 所示，通过继电器线圈的通断来控制其触点输出为无源触点输出方式，用于接通或断开开关频率较低的交直流负载电路。图中，K 为一小型继电器，当输出锁存器的对应位为 1 时，K 线圈得电吸合，其动合触点闭合，负载得电，LED 点亮，表示该输出点状态为 1；当输出锁存器的对应位为 0 时，K 线圈失电，其动合触点断开，负载失电，LED 熄灭，表示该输出点状态为 0。

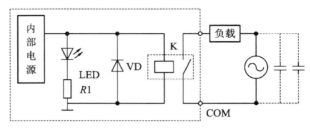

图 8-5　继电器输出电路

继电器输出模块的负载电源可以是交流也可以是直流，且为有触点开关，带负载能力比较强，一般在 2 A 左右，但寿命比无触点开关要短一些，开关动作频率也相应低一些。

（2）晶体管输出模块，也称直流输出模块。图 8-6 为 NPN 输出接口电路，它的输出电路采用晶体管驱动，但在实际使用中，晶体管输出模块也不一定全采用的是三极管，也可能是其他晶体管。例如，S7-1200 PLC 晶体管输出模块用的就是 MOSFET 场效应晶体管。图 8-6 中，VLC 是光电耦合器，LED 用于指示输出点的状态，VT 为输出晶体管，VD 为保护二极管，可防止负载电压极性接反或高电压、交流电压损坏晶体管，FU 为熔断器，可防止负载短路时损坏模块。

晶体管输出模块的工作原理为：当输出锁存器的对应位为 1 时，通过内部电路使光电耦合器导通，从而使晶体管 VT 饱和导通，使负载得电，同时点亮 LED，以表示该路输出点状态为 1；当输出锁存器的对应位为 0 时，光电耦合器不导通，晶体管 VT 截止，使负载失电，此时 LED 不亮，表示该输出点状态为 0。如果负载是感性的，则须给负载并接续流二极管，如图 8-6 中虚线所示，负载关断时，可通过续流二极管释放能量，保护输出晶体管 VT 免受高电压的冲击。

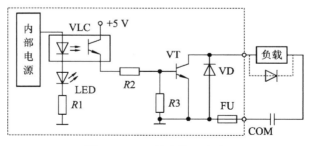

图 8-6　NPN 输出接口电路

直流输出模块的输出方式一般为集电极输出，外加直流负载电源。其带负载的能力一般是每一个输出点电流为零点几安培。因晶体管输出模块为无触点输出模块，所以使用寿命比较长、响应速度快、可关断次数多。

（3）晶闸管输出模块，也称交流输出模块，如图 8-7 所示，它的输出电路采用光控双向晶闸管驱动。

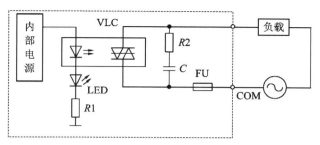

图 8-7 交流输出电路

交流输出模块需要外加交流电源，带负载能力一般为 1 A 左右，不同型号的外加电压和带负载的能力有所不同。双向晶闸管为无触点开关，使用寿命较长，反应速度快，可靠性高。PLC 的输出电路也有汇点式、分组式和隔离式三种。

3) 模拟量输入模块

模拟量输入模块是把模拟信号转换成 CPU 可以接收的数字量，又称为 A/D 模块，一般输入的模拟信号都为标准的传感器信号。模拟量输入模块把模拟信号转换成数字信号，一般为 10 位以上的二进制数，数字量位数越多，分辨率就越高。

4) 模拟量输出模块

模拟量输出模块是把 CPU 要输出的数字量信号转换成外部设备可以接收的模拟量 ( 电压或电流 ) 信号，又称为 D/A 模块，一般输出的模拟信号都为标准的传感器信号。模拟量输出模块把数字信号转换成模拟信号，数字信号一般为 10 位以上的二进制数，数字量位数越多，分辨率就越高。

4. 外部设备

PLC 的外部设备主要有计算机 ( 编程软件 ) 或编程器、人机界面、打印机、条形码扫码器等。

5. I/O 扩展接口

扩展接口用于扩展输入 / 输出单元，使 PLC 的控制规模配置得更加灵活。这种扩展接口实际上为总线形式，可以配置开关量的 I/O 单元，也可配置如模拟量、高速计数等特殊 I/O 单元及通信适配器等。

6. 通信接口模块

通信接口模块是计算机和 PLC 之间、PLC 和 PLC 之间的通信接口。随着科学技术的发展，PLC 的功能也在不断地增强。在控制工程中，一台计算机和一台 PLC 组成点对点通信是小型控制工程采取的策略，也有一台计算机和多台 PLC 组成的多点通信网络，而当今的大型控制工程更多采用的是现场总线控制系统 (Fieldbus Control System，FCS)。

## 8.3 PLC 的工作原理

S7-1200 PLC 的 CPU 中运行着操作系统和用户程序。操作系统处理底层系统及任务，并执行用户程序的调用，其固化在 CPU 模块中，用于执行与用户程序无关的 CPU 功能，以及组织 CPU 所有任务的执行顺序。操作系统的任务如下：

(1) 启动；

(2) 更新输入和输出过程映像；

(3) 调用用户程序；

(4) 检测中断并调用中断 OB( 组织块 )；

(5) 检测并处理错误；

(6) 管理存储区；

(7) 与编程设备和其他设备通信。

用户程序在操作系统平台运行，完成特定的自动化任务，是下载到 CPU 的数据块和程序块。用户程序的任务如下：

(1) 启动初始化工作；

(2) 进行数据处理、I/O 数据交换和工艺相关的控制；

(3) 对中断的响应；

(4) 对异常和错误的处理。

### 8.3.1　CPU 的工作模式

S7-1200 的 CPU 没有用于更改工作模式 (STOP 或 RUN) 的物理开关，而是使用博图软件工具栏按钮启动 CPU(Start CPU) ▣ 和停止 CPU(Stop CPU) ▣，更改 CPU 的工作模式。CPU 各模式执行的任务如表 8-1 所示。

表 8-1　CPU 的工作模式

| 工作模式 | 描　　述 |
| --- | --- |
| STOP CPU | 不执行用户程序，可以下载项目，可以强制变量 |
| RUN CPU | CPU 重复执行程序循环 OB，影响中断事件 |

#### 1. CPU 的启动操作

CPU 从 STOP 切换到 RUN 时，初始化过程映像，执行启动 OB 及相关任务。CPU 启动和运行机制如图 8-8 所示，具体执行以下操作：

A：将物理输入的状态复制到过程映像 I( 输入 ) 区；

B：根据组态情况将过程映像 Q( 输出 ) 区初始化为 0、上一值或替换值，并将 PB(Profibus)、PN(Profinet) 和 AS-i(Actuator Sensor-interface) 输出设为 0；

C：初始化非保持性的 M( 内部 ) 存储器和数据块，并启用组态的循环中断事件和时钟事件，执行启动 OB；

D：将所有中断事件存储到进入 RUN 模式后需要处理的队列中；

E：将过程映像 Q 区写入物理输出。

需要注意的是，循环时间监视在启动 OB 完成后开始。在启动过程中不更新过程映像，可以直接访问模块的物理输入，但不能访问物理输出，可以更改 HSC( 高速计数器 )、PWM( 脉冲宽度调制 ) 以及 PtP( 点对点 ) 通信模块的组态。

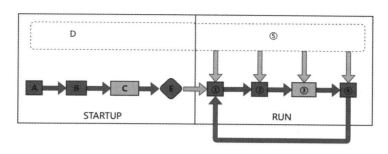

图 8-8　CPU 启动和运行机制

### 2. 在 RUN 模式下处理扫描周期

执行完启动 OB 后，CPU 进入 RUN 模式。CPU 周而复始地执行一系列任务，任务循环执行一次为一个扫描周期。

CPU 在 RUN 模式时执行以下任务：

①：将过程映像 Q 区写入物理输出；

②：将物理输入的状态复制到过程映像 I 区；

③：执行程序循环 OB；

④：执行自检诊断；

⑤：在扫描周期的任何阶段处理中断和通信。

## 8.3.2　存储器机制

S7-1200 PLC 的 CPU 提供了用于存储用户程序、数据和组态的存储器。存储器的类型和特性如表 8-2 所示。

表 8-2　存储器的类型和特性

| 类　型 | 特　　性 |
| --- | --- |
| 装载存储器 | ① 非易失性存储器，用于存储用户程序数据和组态等；<br>② 可以使用外部存储卡作为装载存储器 |
| 工作存储器 | ① 易失性存储器，用于存储与程序执行有关的内容；<br>② 无法扩展工作存储器；<br>③ CPU 将与运行相关的程序内容从装载存储器复制到工作存储器中 |
| 保持性存储器 | ① 非易失性存储器；<br>② 如果发生断电现象或停机，CPU 使用保持性存储器存储一定数量的工作存储器数据，在启动运行时恢复这些保持性数据 |

# 8.4　CPU 基础

CPU 是 PLC 控制系统的核心硬件设备，下面我们学习 CPU 的相关基础知识。

### 8.4.1 CPU 特性

PLC 实质上就是一台专用的工业控制计算机，通常一个主机模块都安装有一个或多个 CPU。若是多个 CPU，则其中必定有一个主 CPU，其余为辅助 CPU，它们协同工作，大大提高了整个系统的运算速度和功能，缩短了程序执行时间。

S7-1200 PLC 是一个系列，其中包括多种型号的 CPU，以适应不同需求的控制场合。近几年西门子公司推出的 S7-1200 PLC 的 CPU 121X 系列产品有 CPU 12I1C、CPU 1212C、CPU 1214C、CPU 1215C 和 CPU 1217C。

不同的 CPU 型号提供了各种各样的特征和功能，这些特征和功能可以帮助用户针对不同的应用选择合适的解决方案，S7-1200 PLC 各 CPU 模块的技术规范如表 8-3 所示。

表 8-3　S7-1200 PLC 各 CPU 模块的技术规范

| 特　性 | CPU 1211C | CPU 1212C | CPU 1214C | CPU 1215C | CPU 1215C |
|---|---|---|---|---|---|
| 本机数字量 I/O 点数 | 6 入 /4 出 | 8 入 /6 出 | 14 入 /10 出 | 14 入 /10 出 | 14 入 /10 出 |
| 本机模拟量 AI/AO 点数 | 2 入 | 2 入 | 2 入 | 2 入 /2 出 | 2 入 /2 出 |
| 扩展信号模块个数 | — | 2 | 8 | 8 | 8 |
| 扩展通信模块个数 | | | 3 | | |
| 上升沿 / 下降沿中断点数 | 6/6 | 8/8 | 12/12 | 12/12 | 12/12 |
| 工作存储器内存 /KB | 30 | 30 | 75 | 100 | 125 |
| 高速计数器点数 / 最高频率 | 3 点 /100 kHz | 3 点 /100 kHz | 3 点 /100 kHz | 3 点 /100 kHz | 4 点 /1 MHz |
| 操作员监控功能 | 无 | 有 | 有 | 有 | 有 |

注：除了表 8-3 列出的 CPU 模块外，还有 S7-1200 F PLC 和 SIPLUS S7-1200 极端环境型 PLC。S7-1200 F PLC 可以用于有功能安全要求的应用场合，集成了安全功能；SIPLUS S7-1200 可工作在严苛的温度范围、冷凝、盐雾、化学活性物质、生物活性物质、粉尘、浮尘等极端环境下。

任何 CPU 的前方均可插入一个信号板（或通信板），轻松扩展数字或模拟量 I/O（或通信接口），同时不影响控制器的实际大小。主机可以通过在其右侧扩展连接信号模块而进一步扩展数字量或模拟量 I/O。CPU 1211C 不能扩展连接信号模块，CPU 1212C 可连接 2 个信号模块，其他 CPU 模块均可连接 8 个信号模块。最后，所有的 SIMATIC S7-1200 PLC CPU 控制器的左侧均可连接多达 3 个通信模块，便于实现端到端的串行通信。

也就是说，信号板（或通信板）是对 CPU 本体的扩展和补充，装于 S7-1200 PLC 本体上，小巧灵活，点数很少。受物理条件限制，一个 CPU 本体一般只能添加 1 个信号板（或通信板）。信号（或通信）模块则是正常外挂的模块，连接模块后设备体积有所增加。主机可连接模块的数量受 CPU 性能限制。

因此，当仅需要在现有 CPU 本体外再多加少数 I/O 点时，用信号板就要划算很多，一是价格便宜，二是减少空间，特别适合临时性地增加端口或者小型项目。

### 8.4.2 CPU 的电源电压配置

根据电源电压、输入电压、输出电压的交、直流类型的不同和电压大小的不同，每种 CPU 有 3 种不同的电源配置方案，具体如表 8-4 所示。

表 8-4　S7-1200 PLC CPU 的 3 种电源配置

| 分　类 | 电源电压 /V | 输入电压 /V | 输出电压 /V | 输出电流 /A |
|---|---|---|---|---|
| DC/DC/DC | DC 24 | DC 24 | DC 24 | 0.5，MOSFET |
| DC/DC/Rly | DC 24 | DC 24 | DC 5~30，AC 5~250 | 2，DC 30 W/AC 200 W |
| AC/DC/Rly | AC 85~264 | DC 24 | DC 5~30，AC 5~250 | 2，DC 30 W/AC 200 W |

## 8.5　信号模块与信号板

信号模块 (Signal Module，SM) 和信号板 (Signal Block，SB) 是 CPU 与控制设备之间的接口，输入 / 输出模块统称为信号模块。信号模块主要分为以下两类：

(1) 数字量模块：数字量输入模块、数字量输出模块、数字量输入 / 输出模块。

(2) 模拟量模块：模拟量输入模块、模拟量输出模块、模拟量输入 / 输出模块。

信号模块作为 CPU 集成 I/O 的补充，连接到 CPU 右侧可以与除 CPU 1211C 以外的所有 CPU 一起使用，用来扩展数字或模拟输入 / 输出能力。

信号板可以直接插到 CPU 前面的插座上来扩展数字量或模拟量输入 / 输出，而不必改变 CPU 体积。

信号板或通信板 (Communication Board，CB)、通信模块 (Communication ModuleCM)、信号模块与 CPU 的连接示意如图 8-3 所示。

### 8.5.1　数字信号模块

数字信号模块是为解决 CPU 本机集成的数字量输入 / 输出点的不足而使用的。S7-1200 PLC 目前有 8 输入 /16 输入的数字量输入模块、8 输出 /16 输出的数字量输出模块以及 8 输入 /8 输出、16 输入 /16 输出的混合模块。用户根据不同需要可以进行选择，订货时要提供型号、订货号，具体型号如表 8-5 所示。

表 8-5　数字信号模块

| 型　　号 | 订　货　号 |
|---|---|
| SM 1221 8 × 24 V DC 输入 | 6ES7221-1BF32-0XB0 |
| SM 1221 16 × 24 V DC 输入 | 6ES7 221-1BH32-0XB0 |
| SM 1222 DQ8 × 继电器输出 | 6ES7 222-1HF32-0XB0 |
| SM 1222 8 × 继电器双态输出 | 6ES7 222-1XF32-0XB0 |
| SM 1222 8 × 24 V DC 输出 | 6ES7 222-1BF32-0XB0 |
| SM 1222 16 × 继电器输出 | 6ES7 222-1HH32-0XB0 |
| SM 1222 16 × 24 V DC 输出 | 6ES7 222-1BH32-0XB0 |
| SM 1223 8 × 24 V DC 输入 /8 × 继电器输出 | 6ES7 223-1PH32-0XB0 |
| SM 1223 8 × 24 V DC 输入 /8 × 24 V DC 输出 | 6ES7 223-1BH32-0XB0 |
| SM 1223 16 × 24 V DC 输入 /16 × 继电器输出 | 6ES7 223-1PL32-0XB0 |

　　每一个模块都有相应的技术规范，其中 SM 1221 数字量输入技术规范如表 8-6 所示。选择不同的模块，其技术规范可查阅西门子中国官网相关资料。

表 8-6　SM 1221 数字量输入技术规范

| 型　号 | SM 1221 8 × 24 V DC 输入 | SM 1221 16 × 24 V DC 输入 |
|---|---|---|
| 订货号 | 6ES7 221-1BF32-0XB0 | 6ES7 221-1BH32-0XB0 |
| 尺寸 W/mm × H/mm × D/mm | 45 × 100 × 75 | |
| 功耗 /W | 1.5 | 2.5 |
| 电流消耗 /mA | 105 | 130 |
| 电流消耗 | 所用的每个数字量输入点 4 mA | |
| 输入点数 | 8 | 16 |
| 类型 | 漏型 / 源型 | |
| 额定电压 | 4 mA 时为 DC 24 V，额定值 | |
| 允许的连续电压 | 最大为 DC 30 V | |
| 浪涌电压 | DC 35 V，持续 0.5 s | |
| 逻辑 1 信号（最小） | 2.5 mA 时为 DC 15 V | |
| 逻辑 0 信号（最大） | 1 mA 时为 DC 5 V | |
| 隔离（现场侧与逻辑侧） | AC 500 V，持续 1 min | |
| 隔离组 | 2 | 4 |
| 滤波时间 /ms | 0.2、0.4、0.8、1.6、3.2、6.4 和 12.8( 可选择 4 个为一组 ) | |
| 电缆长度 /m | 500( 屏蔽 )，300( 非屏蔽 ) | |

### 8.5.2　数字信号板

　　S7-1200 PLC 各种 CPU 的正面都可以增加一块信号板，并且不会增加安装的空间，目前共有 7 种信号板可供选择，具体型号如表 8-7 所示。

表 8-7　数字信号板

| 型　号 | 订货号 |
|---|---|
| SB 1221 200 kHz，4 × 24 V DC 输入 | 6ES7 221-3BD30-0XB0 |
| SB 1221 200 kHz，4 × 5 V DC 输入 | 6ES7 221-3AD30-0XB0 |
| SB 1222 200 kHz，4 × 24 V DC 输出，0.1 A[2] | 6ES7 222-1BD30-0XB0 |
| SB 1222 200 kHz，4 × 5 V DC 输出，0.1 A[2] | 6ES7 222-1AD30-0XB0 |
| SB 1223 2 × 24 V DC 输入 /2 × 24 V DC 输出，0.1 A[1][2] | 6ES7 223-0BD30-0XB0 |
| SB 1223 200 kHz，2 × 24 V DC 输入 /2 × 24 V DC 输出，0.1 A[1][2] | 6ES7 223-3BD30-0XB0 |
| SB 1223 200 kHz，2 × 5 V DC 输入 /2 × 5 V DC 输出，0.1 A[3] | 6ES7 223-3AD30-0XB0 |

　　注：① 支持源型输入；② 支持源型和漏型输出；③ 支持漏型输入和源型输出。

### 8.5.3 模拟信号模块

#### 1. 模拟量概述

模拟量是区别于数字量的连续变化的过程量，如温度、压力、流量、转速等，通过变送器可将传感器提供的电量或非电量转换为标准的电流或电压信号，如 4～20 mA、1～5 V、0～10 V 等，然后经过 A/D 转换器将其转换成数字量进行处理。D/A 转换器将数字量转换为模拟电压或电流，再去控制执行机构。模拟量模块的主要任务就是实现 A/D 转换 ( 模拟量输入 ) 和 D/A 转换 ( 模拟量输出 )。

变送器分为电压输出型和电流输出型。电压输出型变送器具有恒压源的性质，如果变送器距离 PLC 较远，则通过电路间的分布电容和分布电感感应到的干扰信号将会在模块上产生较高的干扰电压，所以在远程传送模拟量电压信号时抗干扰能力很差。电流输出型变送器具有恒流源的性质，不易受到干扰，所以模拟量电流信号适用于远程传送。另外，并非所有模拟量模块都需要专门的变送器。

#### 2. 模拟信号模块

S7-1200 PLC 有 4 输入 /8 输入模拟量输入模块，2 输出 /4 输出模拟量输出模块以及 4 输入 /2 输出模拟量混合模块，另外还有专门用于温度测量的热电偶 (TC) 模块和热电阻 (RTD) 模块，具体型号如表 8-8 所示。

表 8-8　模拟量信号模块

| 型　　号 | 订　货　号 |
| --- | --- |
| SM 1231 4 × 13 位模拟量输入 | 6ES7 231-4HD32-0XB0 |
| SM 1231 × 13 位模拟量输入 | 6ES7 231-4HF32-0XB0 |
| SM 1231 4 × 16 位模拟量输入 | 6ES7 231-5ND32-0XB0 |
| SM 1231 4 × 16 位热电阻模拟量输入 | 6ES7 231-5PD32-0XB0 |
| SM 1231 4 × 16 位热电偶模拟量输入 | 6ES7 231-5QD32-0XB0 |
| SM 1231 8 × 16 位热电阻模拟量输入 | 6ES7 231-5PF32-0XB0 |
| SM 1231 8 × 16 位热电偶模拟量输入 | 6ES7 231-5QF32-0XB0 |
| SM 1232 2 × 14 位模拟量输出 | 6ES7 232-4HB32-0XB0 |
| SM 1232 4 × 14 位模拟量输出 | 6ES7 232-4HD32-0XB0 |
| SM 234 4 × 13 位模拟量输入 2 × 14 位模拟量输出 | 6ES7 234-4HE32-0XBO |

以 SM 1231 4 × 13 位模拟量输入为例，介绍模拟量输入的技术规范，如表 8-9 所示。

表 8-9　SM 1231 模拟量输入技术规范

| 型　　号 | SM 1231 4 × 13 位模拟量输入 |
| --- | --- |
| 订货号 | 6ES7 231-4HD32-0XB0 |
| 功耗 /W | 2.2 |
| 电流消耗 (SM 总线 )/mA | 80 |

续表

| 型　号 | SM 1231 4×13 位模拟量输入 |
|---|---|
| 电流消耗 (DC 24 V)/mA | 45 |
| 输入路数 | 4 |
| 类型 | 电压或电流 ( 差动 )：可 2 个选为一组 |
| 范围 | ±10 V、±5 V、±2.5 V 或 0/4～20 mA |

**3. 模拟量输入模块的阶跃响应**

模拟量输入模块在不同抑制频率和滤波等级下测量 0～10 V 阶跃信号达到 95% 时所需的时间，如表 8-10 所示。滤波等级越低，抑制频率越高，测量的时间越短。

表 8-10　模拟量输入模块的阶跃响应

| 平滑化<br>( 采样平均 ) 选项 | 抑制频率 ( 积分时间选项 )/ms | | | |
|---|---|---|---|---|
| | 400 Hz(2.5 ms) | 60 Hz(16.6 ms) | 50 Hz(20 ms) | 10 Hz(100 ms) |
| 无 (1 个周期 ) | 4 | 18 | 22 | 100 |
| 弱 (4 个周期 ) | 9 | 52 | 63 | 320 |
| 中 (16 个周期 ) | 32 | 203 | 241 | 1200 |
| 强 (32 个周期 ) | 61 | 400 | 483 | 2410 |

**4. 模拟量输入模块的采样时间和更新时间**

模拟量输入模块在不同抑制频率下的采样时间和更新时间如表 8-11 所示。

表 8-11　模拟量输入模块的采样时间和更新时间

| 抑制频率 ( 积分时间 ) 选项 | 采样时间 /ms | 更新时间 /ms |
|---|---|---|
| 400 Hz(2.5 ms) | 4 通道 ×13 位 SM：0.625<br>8 通道 ×13 位 SM：1.25 | 4 通道：0.625<br>8 通道：1.25 |
| 60 Hz(16.6 ms) | 4.17 | 4.17 |
| 50 Hz(20 ms) | 5 | 5 |
| 10 Hz(100 ms) | 25 | 25 |

# 8.6　新建项目和硬件网络组态

使用编程软件进行控制程序编写前首先要新建项目，所有的组态信息、控制程序都在项目中体现。而软件的编写又是基于控制系统的硬件，因此在程序中对控制系统硬件进行正确的组态配置格外重要。

新建项目和
硬件组态

## 8.6.1　新建项目

在桌面上双击快捷图标，启动 TIA 博途 V15.1 编程软件，软件界面包括 Portal 视图和项目视图，两个视图界面都可以新建项目。

在 Portal 视图中创建新项目。执行启动→创建新项目命令，在创建新项目界面中输入项目名称、项目存放的路径、作者和项目注释等信息，如图 8-9 所示，然后单击创建按钮，即可生成新项目，并跳转到新手上路界面，如图 8-10 所示。

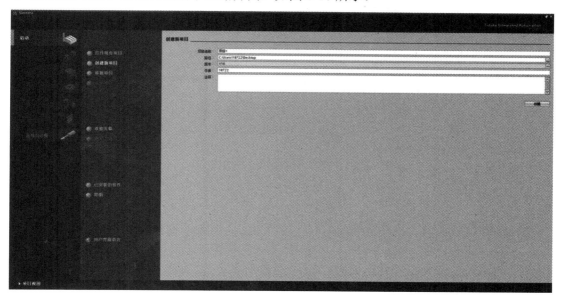

图 8-9　在 Portal 视图中创建新项目

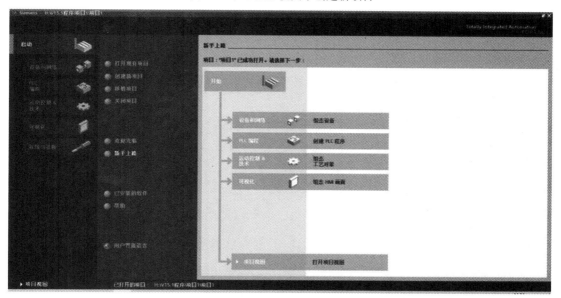

图 8-10　新手上路界面

本书安装的版本为 V15.1，所以创建好的新项目的后缀名与 TIA 博途的版本号相关，新项目的后缀名为 .ap15_1。可以通过单击打开现有项目按钮来打开一个已有项目，单击关闭项目按钮可以结束现有项目。

Portal 视图和项目视图界面可以互相切换，如图 8-10 所示，单击左下角的项目视图按钮可以进入项目视图界面。同理在项目视图中，单击左下角的 Portal 视图按钮可以进入 Portal 视图界面。在项目视图中创建新项目的方法是，单击菜单栏中的项目菜单，选择新建命令后，弹出创建新项目对话框，创建过程与 Portal 视图中创建新项目一致，如图 8-11 所示。

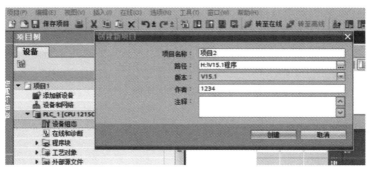

图 8-11    在项目视图中创建新项目

## 8.6.2    硬件组态

S7-1200 PLC 自动化系统需要对各硬件进行组态、参数设置和通信互联。项目中的组态要与实际系统一致，系统启动时，CPU 会自动监测软件的预设组态与系统实际组态是否一致，如果不一致则会报错，此时 CPU 能否启动取决于启动设置。

下面介绍在 Portal 视图中如何进行项目硬件组态，单击 Portal 视图中的组态设备按钮，弹出显示所有设备界面。

单击添加新设备按钮，弹出添加新设备界面，选择控制器 6ES7215_1BG40_0XB0，设置设备名称 ( 如 PLC_1)，选择 CPU 的版本 ( 如 V4.2)，单击添加按钮即可完成新设备添加，进入硬件和网络编辑器界面，包括设备视图、巡视窗口等，如图 8-12 所示。

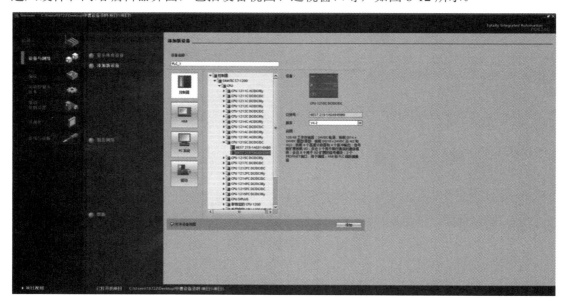

图 8-12    添加新设备界面

(1) 设备视图。如图 8-13 所示，在组态区域内，可以使用切换开关实现拓扑视图、网络视图和设备视图的转换，选择设备视图，在设备视图的图形区域中能够看到 S7-1200 PLC 可以添加的模块数量，在添加完新设备后，生成与设备匹配的机架 (Rack_0)，CPU 左侧最多可以添加 3 个通信模块，右侧最多可以添加 8 个扩展模块。

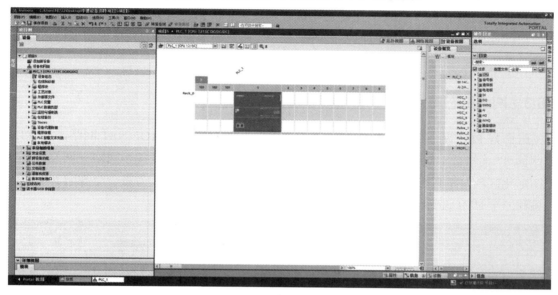

图 8-13 硬件和网络编辑器界面

如图 8-14 所示，在 CPU 本体上配置通信板 CB1241，操作步骤为：在硬件选项中，选择通信板→点到点→ CB1241(RS485) → 6ES7241_1CH30_1XB0；用同样的方法，在 CPU 左侧可以配置通信模块 CM1241，选择通信模块→点到点→ CM1241(RS232) → 6ES7241_1AH30_0XB0；在 CPU 右侧配置信号模块，选择 DIDQ → DI16/DQ16x24VDC → 6ES7223_1BL30_0XB0。

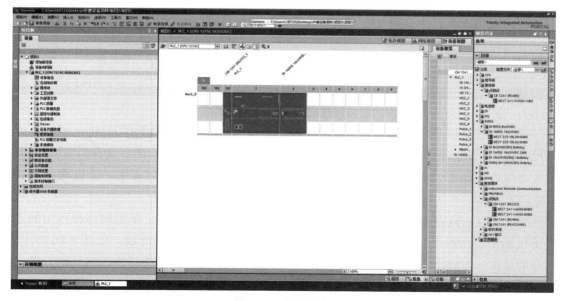

图 8-14 硬件组态

在调试程序时，为了调试方便，可以先将程序硬件组态配置好，然后将编辑好的程序下载到实际控制系统中，程序硬件配置与实际不符时 CPU 会报错。

(2) 巡视窗口。巡视窗口有属性选项卡、信息选项卡和诊断选项卡。属性选项卡显示所选对象的属性，用户可以在此处更改可编辑的属性。信息选项卡显示有关所选对象的附加信息以及执行操作 ( 如编译 ) 时发出的报警。诊断选项卡提供有关系统诊断事件、已组态消息事件以及连接诊断的信息。

### 8.6.3　网络组态

组态好 PLC 硬件后，可以在网络视图中组态 PROFIBUS、PROFINET 网络，创建以太网的 S7 连接或 HMI 连接等，如图 8-15 所示。单击项目树→设备和网络→网络视图，在图形化区域内将具有联网能力的设备进行组网。下面简单介绍如何将一个 S7-1200 PLC 设备和一个 HMI 进行组态网络连接。

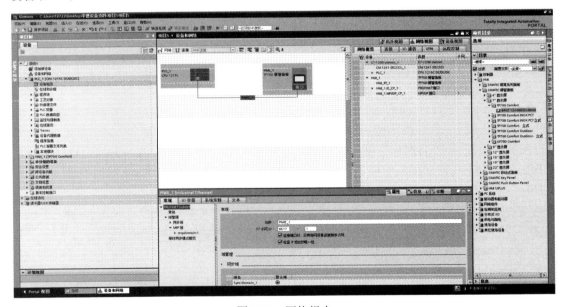

图 8-15　网络组态

首先在图 8-14 的基础上配置一个 HMI，步骤为：在硬件选项中选择 HMI → SIMATIC 精智面板→ 7 显示屏→ TP700Comfort → 6AV2124-0GC01-0AX0，若两台设备的地址相同，则将光标放在其中一台设备的网口位置，拖动到其他设备的网口位置上，会自动分配 IP 地址。

为了实现 HMI 和 PLC 的通信，必须组态 HMI 和 PLC 的连接，单击网络视图中的连接按钮选项，由网络页面切换到连接页面，使用鼠标拖曳网口的连线，如图 8-16 所示，单击项目树→ HML1[KTP1200BasicPN] → HMI 变量→连接，弹出连接表，将网络视图中创建的 HMI 连接，自动添加到该设备的连接表中。

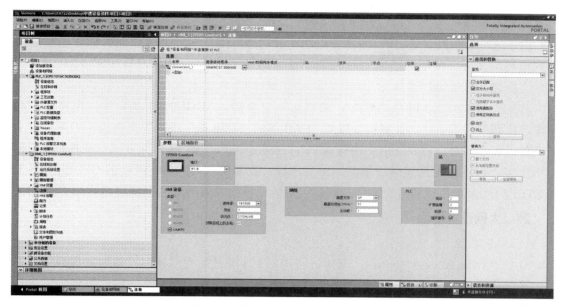

图 8-16　组态 HMI 和 PLC 的连接

　　用同样的方法，多个 S7 和 HMI 可以实现互相连接。在网络视图的以太网连接中，虽然有多种连接选项，但对于 S7-1200 PLC 只能在此创建 S7 或 HMI 连接，对于其他 TCP、UDP、ISO 等连接，只能通过编程创建。

## 8.6.4　TIA Portal 与 PLC 的连接

　　S7-1200 PLC 与编程设备通信 S7-1200 PLC 的 CPU 集成的以太网接口 (PN 接口，简称 PROFINET) 和通信模块 CM1243-5 都支持与编程设备通信的功能，方法为：在编程 PC 上选择适配器、通信处理器或以太网卡，设置 PG/PC 接口，建立与 PLC 的连接，如图 8-17 所示。

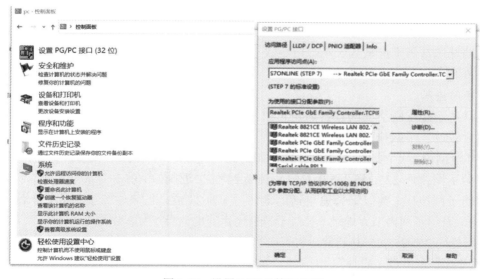

图 8-17　设置 PC/PG 接口界面

**1. 硬件连接**

由于 S7-1200 PLC 的 CPU 内置了自动跨接功能，因此对通信接口既可以使用标准以太网电缆，又可以使用跨接以太网电缆。PROFINET 接口可在编程设备和 S7-1200 PLC 的 CPU 之间建立直接物理连接。

首先安装 S7-1200 PLC 的 CPU，将以太网电缆插入 PROFINET 接口中，再将以太网电缆连接到编程设备上。计算机、PLC、HMI 等的一对一通信不需要交换机，当两台以上的设备进行通信时，需要使用交换机 (CPU 1215C 和 CPU 1217C 内置双端口交换机 ) 实现网络连接，可以使用直连也可以使用交叉网线。要想实现 S7-1200 PLC 的 CPU 与网络上的 STEP7 Basic 编程设备进行通信，则必须设置或修改以太网通信接口。

**2. 以太网设备地址**

**1) MAC 地址**

MAC(Media Access Control，媒体访问控制 ) 地址是以太网接口设备的物理地址，通常由设备生产厂家将 MAC 地址写入 EEPROM 或闪存芯片。在网络底层的物理传输过程中，通过 MAC 地址来识别发送和接收数据的主机。MAC 地址是 48 位二进制数，分为 6 个字节，一般用十六进制数表示，如 00-05-BA-CE-07-0C。其中，前 3 个字节是网络硬件制造商的编号，它由 IEEE( 电气与电子工程师协会 ) 分配，后 3 个字节是该制造商生产的某个网络产品 ( 如网卡 ) 的序列号。MAC 地址就像我们的身份证号码，具有全球唯一性。

S7-1200 PLC 的 CPU 的每个 PN 接口在出厂时都有一个永久的唯一的 MAC 地址，可以在模块上看到它。

**2) IP 地址**

为了使信息能在以太网上快捷准确地传送到目的地，连接到以太网的每台计算机必须拥有一个唯一的 IP(Internet Protocol，网际协议 ) 地址，它由 32 位二进制数 (4 字节 ) 组成。IP 地址由两部分组成，第一部分表示网络 ID( 正位于什么网络中 )，第二部分表示主机 ID( 对于网络中的每个设备都是唯一的 )。在控制系统中，一般使用固定的 IP 地址。IP 地址通常用十进制数表示，用小数点分隔。S7-1200 PLC 的 CPU 默认的 IP 地址为192.168.0.1。

**3) 子网掩码**

子网是连接在网络上的设备的逻辑组合。同一个子网中的节点彼此之间的物理位置通常相对较近。子网掩码 (Subnet Mask) 是一个 32 位二进制数，用于将 IP 地址划分为子网地址和子网内节点地址。二进制子网掩码的高位应该是连续的 1，低位应该是连续的 0。以常用的子网掩码 225.255.255.0 为例，其高 24 位二进制数 ( 前 3 个字节 ) 为 1，表示 IP 地址中的子网掩码 ( 类似于长途电话的地区号 ) 为 24 位；低 8 位二进制数 ( 最后一个字节 ) 为 0，表示子网内节点地址 ( 类似于长途电话的电话号 ) 为 8 位。

子网掩码 255.255.255.0 通常适用于小型本地网络，意味着此网络中的所有 IP 地址的前 3 个 8 位位组 (8 位域 ) 应该是相同的，该网络中的各个设备由最后一个 8 位位组来标识。例如，在小型本地网络中，为设备分配子网掩码 255.255.255.0 和 IP 地址 192.168.2.0~

192.168.2.255。

　　4) IP 路由器

　　IP 路由器用于连接子网，如果 IP 报文发送给别的子网，则首先将它发送给路由器。在组态时子网内所有的节点都应输入路由器的地址，路由器通过 IP 地址发送和接收数据包。路由器的子网地址与子网内节点地址相同，其区别仅在于子网内的节点地址不同。

　　3. 设置计算机网卡的 IP 地址

　　以 Windows 10 操作系统为例，在开始菜单中选择设置选项，单击网络与 Internet，再单击更改适配器设置按钮，选择与 CPU 连接的网卡，右击选择属性，打开本地连接以太网属性对话框，如图 8-18 所示。在本地连接以太网属性对话框中，双击此连接使用下拉项目列表框中的 Internet 协议版本 4(TCP/IPv4)，打开 Internet 协议版本 4(TCP/IPv4) 属性对话框，点选使用下面的 IP 地址单选按钮，在 IP 地址文本框中输入 192.168.0.11，如图 8-18 所示。IP 地址的第 4 个字节是子网内设备的地址，可以取 0~255 中的某个值，但不能与子网中其他设备的 IP 地址重叠。单击子网掩码文本框，自动出现默认的子网掩码 255.255.255.0。一般不用设置网关的 IP 地址。

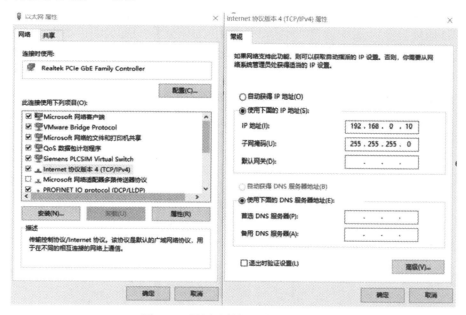

图 8-18　设置计算机网卡的 IP 地址

　　4. 设置 CPU 的 PROFINET 接口

　　打开 TIA 博途，生成一个项目，在项目中添加一个 PLC 设备，其 CPU 的型号和订货号应与实际的硬件相同。

　　双击项目树中 PLC 文件夹内的设备组态，打开该 PLC 的设备视图，双击 CPU 的以太网接口，打开该接口的巡视窗口，选中左栏的以太网地址，设置右栏的 IP 地址为 192.168.0.21 和子网掩码 255.255.255.0，如图 8-19 所示，设置的地址在下载后才起作用。

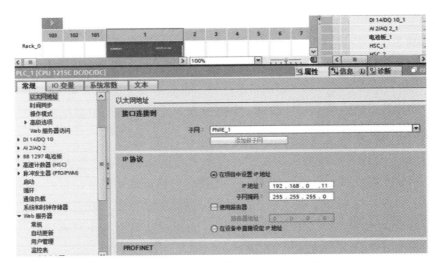

图 8-19　设置 CPU 的以太网接口地址

### 8.6.5　下载项目到新出厂的 CPU

做好上述的准备工作后，接通 PLC 电源。新出厂的 CPU 还没有 IP 地址，只有厂家设置的 MAC 地址。此时选中项目树中的 PLC1[CPU1215CDC/DC/DC]，单击工具栏中的下载按钮，打开扩展下载到设备对话框，或者单击菜单栏中的在线菜单，选择打开扩展下载到设备对话框，如图 8-20 所示。

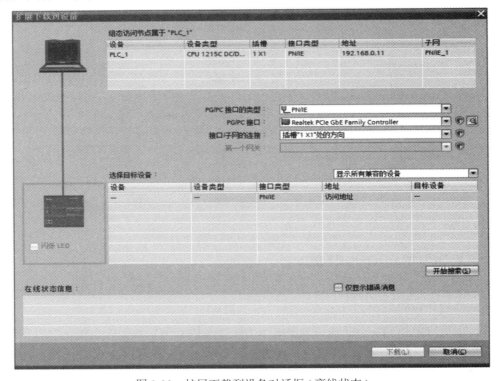

图 8-20　扩展下载到设备对话框（离线状态）

有的计算机有多块以太网卡，例如笔记本一般有一块有线网卡和一块无线网卡，可在 PC/PC 接口下拉列表中选择实际连接到 PLC 的网卡。

如图 8-21 所示，单击开始搜索按钮，经过一段时间的搜索后，在选择目标设备列表中，出现网络上的 S7-1200 PLC 和它的 MANC 地址，图 8-21 中计算机与 PLC 之间的连线由断开 (OFF. 灰色 ) 变为按道 (ON. 绿色 )，CPU 所在方框的背景颜色也由空框变为实心的橙色，表示 CPU 进入在线状态。

如果网络上有多个 CPU，为了确认设备列表中的 CPU 对应的硬件，选中列表中的某个 CPU，勾选此 CPU 图标下的闪烁 LED 复选按钮，则对应的 CPU 上的 LED 将会闪烁。

选中列表中对应的硬件，如图 8-21 所示，下载按钮上的字符由灰色变为黑色，单击该按钮，弹出下载预览对话框。编程软件首先对项目进行编译，编译成功后单击装载按钮，开始下载。下载结束后，弹出下载结果对话框，选择启动模块，单击完成按钮，CPU 切换到 RUN 模式，RUNVSTOPLED 变为绿色。

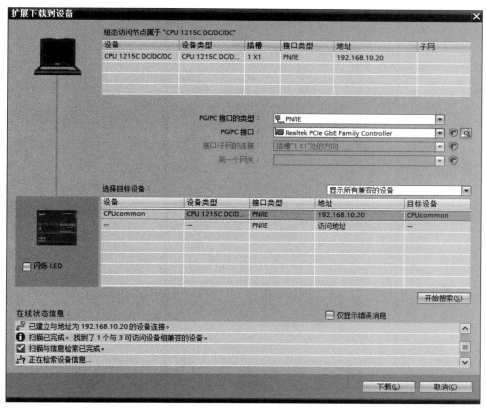

图 8-21　扩展下载到设备对话框 ( 在线状态 )

打开以太网接口面板，通信正常时 LINKLED( 绿色 ) 亮，Rx/Tx LED( 橙色 ) 闪烁。打开项目树中的在线访问文件夹，如图 8-22 所示，可以看到组态的 IP 地址 192.168.0.11 已经下载给 CPU 了。

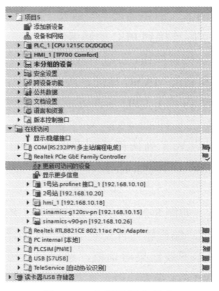

图 8-22　在线访问文件夹

## 8.6.6　项目下载方法

项目下载方法

下面是将 IP 地址设置到 CPU 以后下载项目的方法。选中项目树中的 PLC1[CPU1215CDC/DC/DC]，单击工具栏上的下载到设备按钮可进行程序下载，下载时根据在不同视图中选择的对象下载项目中的硬件或软件数据到 CPU 中。需要注意的是，若在 TIA 博途软件未与 CPU 建立连接时单击下载到设备按钮，则会弹出扩展下载到设备对话框，如图 8-23 所示，在该对话框中需要设置接口类型和接口硬件，然后搜索需要连接的设备。如图 8-21 所示，TIA 博途软件与 CPU 建立连接后，单击下载按钮，弹出下载预览对话框，单击装载按钮，弹出下载结果对话框，选择启动模块，单击完成按钮，下载完成后 CPU 进入 RUN 模式。

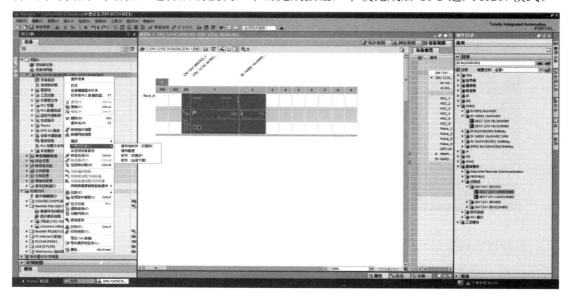

图 8-23　下载到设备界面

# 8.7　PLC 的编程语言

PLC 从本质上讲是计算机系统，因此需要编写用户程序来实现控制任务。PLC 的编程语言与一般的计算机语言相比具有明显的特点。既不同于高级语言，也不同于一般的汇编语言，既要满足易于编写又要满足易于调试的要求。

在 S7-1200 PLC 中使用梯形图 (LAD)、功能块图 (FBD) 和结构化控制语言 (SCL) 这 3 种编程语言。

## 8.7.1　梯形图

梯形图是 PLC 使用的最广泛的图形编程语言，被称为 PLC 第一编程语言。这种编程语言沿袭了继电器—接触器控制电路的形式，具有直观、形象以及实用等特点。

梯形图由触点、线圈和用方框表示的指令框组成。在梯形图中，触点从左母线开始进行逻辑连接，代表逻辑输入条件，通常是外部的开关及内部条件；线圈通常代表逻辑运算的结果，用来控制外部负载或内部标志位；指令框也可以作为逻辑的输出，用来表示定时器、计数器或数学运算指令。

分析和编写梯形图程序的关键是梯形图的逻辑解算。根据梯形图中各触点的状态和逻辑关系，求出与图中各线圈对应编程元件的状态，称为梯形图的逻辑解算。梯形图中逻辑解算是按从左至右、从上到下的顺序进行的。解算的结果马上可以被后面的逻辑解算所利用。逻辑解算是根据输入映像寄存器中的值，而不是根据解算瞬时外部输入触点的状态来进行的。

解算时，可假想有一个概念电流，概念电流可以通过被激励 (ON) 的动合触点和未被激励 (OFF) 的动断触点从左向右流。如图 8-24 所示，当正转启动与停止按钮触点同时接通或者电机正转与停止按钮触点同时接通时，概念电流流过电机正转线圈，线圈通电 ( 被激励 )；只要电机正转控制程序行中任意一个动合触点不接通或反转启动与电机反转这两个动断触点接通，那么电机正转线圈就会断电。反转的过程与正转过程类似。若程序中无跳转指令，则程序执行到最后，下一次扫描循环又从程序段 1 开始执行。

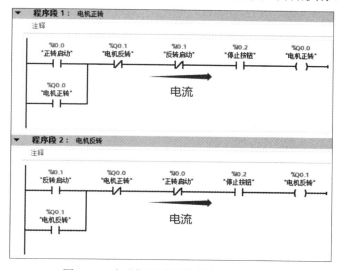

图 8-24　电动机正反转控制电路的梯形图

梯形图具有形象、直观、简单明了、易于理解的特点，特别适用于开关量逻辑控制，是所有编程语言的首选。

### 8.7.2 功能块图

功能块图是一种类似于数字逻辑门电路的编程语言。该编程语言用类似"与门""或门"的方框来表示逻辑运算关系，方框的左侧为逻辑运算的输入变量，右侧为输出变量，输入、输出端的小圆圈表示"非"运算，方框被"导线"连接在一起，信号从左向右传输。图 8-25 所示为功能块图示例，它与图 8-24 所示的梯形图的控制逻辑相同。

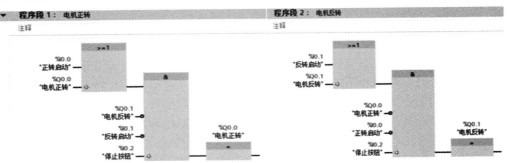

图 8-25　电动机正反转控制电路的功能块图

### 8.7.3 结构化控制语言

结构化控制语言是一种基于 Pascal 的高级编程语言，这种语言基于 IEC1131-3 标准。结构化控制语言除了包含 PLC 的典型元素（如输入、输出、定时器或存储器）外，还包含高级编程语言中的表达式、赋值运算和运算符。结构化控制语言提供了简便的指令进行程序控制，如创建程序分支、循环或跳转。结构化控制语言尤其适用于数据管理、过程优化、配方管理和数学计算、统计等应用领域。

例如：根据输入信号的选择决定输出数据，设计 3 个动合输入触点，一个数据输出点，触点 1 闭合输出 10，触点 2 闭合输出 20，触点 3 闭合输出 30。单击添加新块编制程序，输入程序，如图 8-26 所示。新建 FB 程序块，同时左边的项目树中会出现一个 DB 数据块。

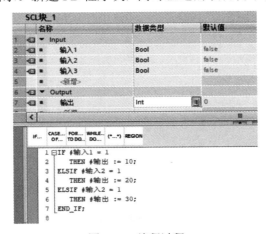

图 8-26　编程过程

拖动项目树中的 SCL 块 _1[F B1] 程序块到需要编程的程序段，如图 8-27 所示，可以实现程序的调用，在 PLC 变量表中添加相应变量，M2.0、M2.1、M2.2 分别接入输入 1、输入 2、输入 3 端，M W10 接入输出端。

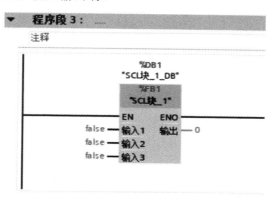

图 8-27　调试程序

在项目树中单击 PLC_1[ CPU 1214C AC/DC/Rly] 编译程序，单击仿真按钮启动仿真，在监控表 1 中给 M2.0 赋新值 TRUE，监控 SCL 块 _1 输出，即 %MW10 = 10，如图 8-28 所示。

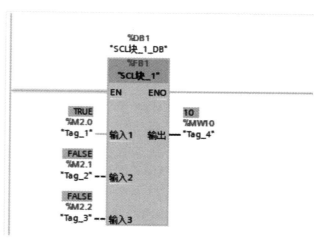

图 8-28　调试程序

## 8.8　数 据 类 型

S7-1200 PLC 的数据类型分为基本数据类型和复杂数据类型。此外，当指令要求的数据类型与实际操作的数据类型不同时，还可以利用数据类型的转换功能来实现操作数的输入。

基本数据类型是有具体确定长度的数据类型。表 8-12 给出了基本数据类型的属性。

表 8-12　基本数据类型

| 变量类型 | 符号 | 位数 | 取 值 范 围 | 说　明 |
|---|---|---|---|---|
| 位 | Bool | 1 | 1，0 | 位变量，I0.0，DB1.DBX2.2 |
| 位序列 | Byte | 8 | 16#00～16#FF | 占 1 B，16#12，MB0，DB1.DBB2 |
|  | Word | 16 | 16#0000～16#FFFF | 16#ABCD，MW0，DB1.DBW2 |
|  | DWord | 32 | 16#00000000～16#FFFFFFFF | 16#02468ACE，DB1.DBW2 |
| 整数 | SInt | 8 | −128～127 | 占 1 B |
|  | Int | 16 | −32 768～32 767 | 占 2 B |
|  | Dint | 32 | −2 147 483 648～2 147 483 647 | 占 4 B |
|  | USInt | 8 | 0～255 | 占 1 B |
|  | UInt | 16 | 0～65 535 | 占 2 B |
|  | UDInt | 32 | 0～4 294 967 295 | 占 4 B |
| 浮点数 | Real | 32 | $\pm1.175\ 495\times10^{38}\sim\pm3.402\ 823\times10^{38}$ | 占 4 B，有 6 个有效数字 |
|  | LReal | 64 | $\pm2.225\ 073\ 858\ 507\ 202\ 0^{-308}\sim$ $\pm1.797\ 693\ 134\ 862\ 315\ 7\times10^{308}$ | 占 8 B，最多有 15 个有效数字 |
| 字符 | Char | 8 | ASCII 编码 16#00～16#7F | 占 1 B，'A' 't' '@' |
|  | WChar | 16 | Unicode 编码 16#0000～16#D7FF | 占 2 B，支持汉字，"中" |

### 1. 位

位数据的数据类型为 Bool( 布尔 ) 型，长度为 1 位，两个取值为 TURE/FALSE( 真 / 假 )，对应二进制数中的"1"和"0"，用来表示数字量 ( 开关量 ) 的两种不同的状态，如触点的接通和断开、线圈的通电和断电等，在编程软件中，Bool 变量的值为 2#1 和 2#0。

位存储单元的地址由字节地址和位地址组成。例如，地址 I3.2 中的区域标识符"I"代表输入寄存器区 (Input)，字节地址为 3，位地址为 2，如图 8-29 所示。

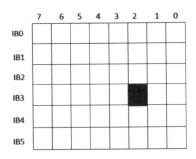

图 8-29　字节与位图

这种存取方式称为"字节 . 位"寻址。

### 2. 位序列

数据类型 Byte、Word、DWord 统称为位序列。它们占用内存空间的大小不同，其常数通常用十六进制数表示。

1) 字节 (Byte)

八位二进制数组成一个字节，其中第 0 位为最低位，第 7 位为最高位。例如，I3.0～I3.7 构成字节 IB3；M100.0～M100.7 构成字节 MB100，其中 B 代表 Byte，如图 8-30(a) 所示。

2) 字 (Word)

两个相邻字节组成一个字，其中第 0 位为最低位，第 15 位为最高位。字地址命名以较小存储字节号命名。例如，字 MW100 由字节 MB100 和 MB101 组成，如图 8-30(b) 所示。MW100 中的 M 是存储区标识符，W 代表 Word。应用字存储区时注意地址号不要冲突重叠使用。如果使用了 MW100，就不可以再使用 MW101( 由 MB101 和 MB102 组成 )，因为两个存储区中 MB101 是重叠的。

3) 双字 (DWord)

两个相邻的字组成一个双字，其中第 0 位为最低位，第 31 位为最高位 ( 即连续 4 个字节 )。双字 MD100 由字节 MB100、MB101、MB102 和 MB103 组成，或由 MW100 和 MW102 组成，如图 8-30(c) 所示。使用双字也要注意地址重叠问题，使用 MD100 后，下一个地址可以使用 MD104，其命名原则也是按照组成字节的最小字节号命名的。

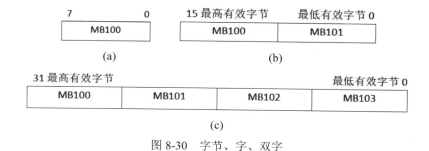

图 8-30　字节、字、双字

3. 整数

整数 (Int) 数据类型的长度有 8、16、32 位，又可分为有符号整数和无符号整数两种。S7-1200 PLC 有 6 种整数类型供用户使用，如表 8-13 所示，所有整数的符号中均有 Int。符号中带 S 的为 8 位整数 ( 短整数 )，带 D 的为 32 位整数 ( 双整数 )，不带 S、D 的为 16 位整数，带有 U 标识的为无符号整数。有符号整数最高位为符号位，1 代表负数，0 代表正数。有符号整数用补码表示，正数的补码是其本身，将一个正数对应的二进制数求反码后加 1，可得到绝对值与它相同的负数的补码。

表 8-13　整数数据类型

| 数 据 类 型 | | 符　号 | 位大小 | 数值范围 |
|---|---|---|---|---|
| 有符号整数 | 短整数型 | SInt | 8 | −128～127 |
| | 整数型 | Int | 16 | −32 768～32 767 |
| | 双整数型 | DInt | 32 | −2 147 483 648～2 147 483 647 |
| 无符号整数 | 短整数型 | USInt | 8 | 0～255 |
| | 整数型 | UInt | 18 | 0～65 535 |
| | 双整数型 | UDInt | 32 | 0～4 294 967 295 |

**4. 浮点数**

　　浮点数 (Float) 又称实数 (Real)，分为 32 位和 64 位。浮点数的优点是用很少的储存空间表示极大和极小的数。PLC 输入和输出大多为整数，如模拟量输入和输出值。用浮点数来处理这些数据需要进行数据类型的转换，浮点数的运算速度要比整数慢一些。在编程软件中，用十进制小数来表示浮点数。例如，50 是整数，50.0 为浮点数。

**5. 字符**

　　每个字符 (Char) 占用一字节，以 ASC Ⅱ 码格式存储。字符常量用英文加单引号表示，如 'A''t'。每个宽字符 (WChar) 占用 2 字节，以 Unicode 格式存储，支持汉字。

## 8.9　用户程序结构

　　S7-1200 PLC 与 S7-300/400 PLC 的用户程序结构基本上相同，相对于 S7-200 PLC 灵活得多。

　　S7-1200 PLC 可采用模块化编程，即将复杂的自动化任务按照生产过程的功能划分为功能较简单的子任务，每个子任务对应一个称为块的子程序，可以通过块与块之间的相互调用来组织程序，这样的程序易于修改、查错和调试。块结构显著地增加了 PLC 程序的组织透明性、可理解性和易维护性。各种块的简要说明如表 8-14 所示，其中 OB、FB、FC 都包含代码，统称为代码 (Code) 块。

程序块介绍

表 8-14　用户程序中的块

| 块 | 简 要 描 述 |
| --- | --- |
| 组织块 (OB) | 操作系统与用户系统的接口决定用户程序的结构 |
| 功能块 (FB) | 用户编写的包含经常使用的功能的子程序，有专用的背景数据块 |
| 功能 (FC) | 用户编写的包含经常使用的功能的子程序，没有专用的背景数据块 |
| 背景数据块 (Instance DB) | 用于保存 FB 的输入变量、输出变量和静态变量，其数据在编译时自动生成 |
| 全局数据块 (Global DB) | 存储用户数据的数据区域，供所有的代码块共享 |

### 8.9.1　组织块

　　组织块 (OB) 用于 CPU 中的特定事件，可中断用户程序的运行。其中，OB1 为执行用户程序默认的组织块，是用户必需的代码块，一般用户程序和调用程序块都在 OB1 中完成。如果程序中包括其他的 OB，那么当特定事件 ( 启动任务、硬件中断事件等 ) 触发这些 OB 时，OB1 的执行会被中断。特定事件处理完毕后，会恢复 OB1 的执行。

　　组织块除了可以用来实现循环控制以外，还可以完成 PLC 的启动、中断程序的执行和错误处理等功能。熟悉各类组织块的使用对于提高编程效率和程序的执行速率有很大的帮助。主要组织块如图 8-31 所示，其余组织块可以通过查阅西门子 PLC 编程手册来了解。

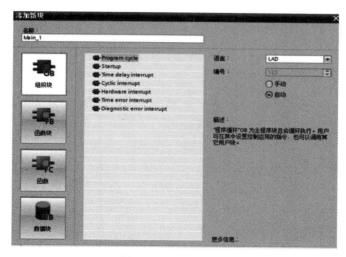

图 8-31　主要组织块

## 8.9.2　数据块

数据块是用于存放执行代码块时所需数据的区域。与代码块不同，数据块中没有指令，Step7 按数据生成顺序自动为数据块中的变量分配地址。有以下两种类型的数据块。

(1) 全局数据块：存储供所有代码块使用的数据，所有的 OB、FB 和 FC 都可以访问。

(2) 背景数据块：存储供特定 FB 使用的数据，即对应 FB 的输入、输出参数和局部静态变量。FB 的临时数据 (Temp) 不是用背景数据块保存的。

下面用加法指令 ( 整数加法和实数加法 ) 介绍全局数据块的生成和使用方法。

新建一个项目，命名为全局数据块使用，CPU 选择 1215C。打开项目树中的文件夹 \PLC_1[CPU 1214C AC/DC/Rly]\ 程序块，双击其中的添加新块按钮，在打开的添加新块对话框中单击数据块按钮，在右侧类型下拉列表中选择全局 DB( 默认 )，如图 8-32 所示。

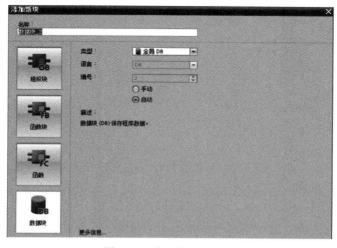

图 8-32　生成全局数据块

全局数据块默认名称为"数据块 _1"，也可以手动修改，数据块编号为 DB1。在打开的数据块 _1 视图中可以新建各种类型的变量，在这里我们建立 SB1(Bool)、SB2(Bool)、

SUM1(Int) 以及 SUM2(Real)4 个变量，如图 8-33 所示。

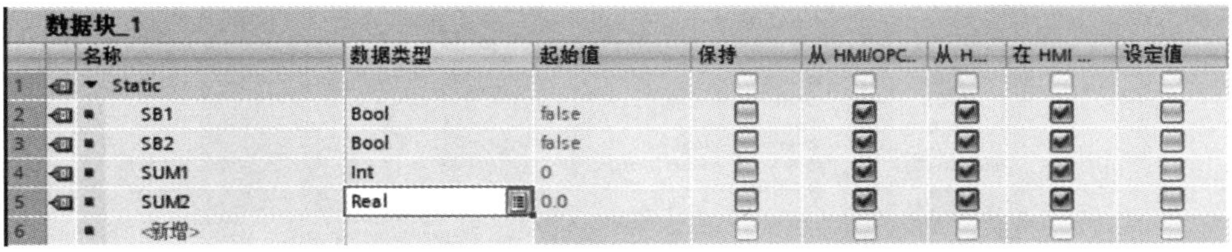

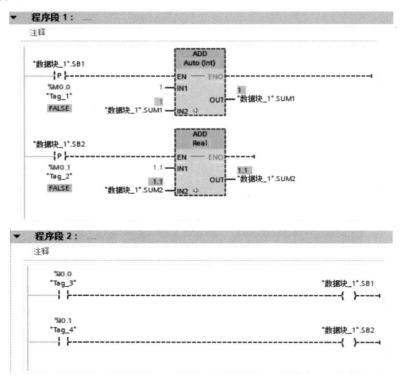

| | 名称 | 数据类型 | 起始值 | 保持 | 从 HMI/OPC.. | 从 H... | 在 HMI ... | 设定值 |
|---|---|---|---|---|---|---|---|---|
| 1 | ▼ Static | | | | | | | |
| 2 | SB1 | Bool | false | ☐ | ☑ | ☑ | ☑ | ☐ |
| 3 | SB2 | Bool | false | ☐ | ☑ | ☑ | ☑ | ☐ |
| 4 | SUM1 | Int | 0 | ☐ | ☑ | ☑ | ☑ | ☐ |
| 5 | SUM2 | Real | 0.0 | ☐ | ☑ | ☑ | ☑ | ☐ |
| 6 | <新增> | | | | | | | |

图 8-33　全局数据块中建立变量

下载 OB1 中编写的程序并在线监控。为了调试方便，程序段 1 用寄存器 M0.0 控制上升沿使数据块 _1.SB1 接通一次，程序块 ADD( 加 ) 完成数据块 _1.SUM1 起始值 0 加 1，监控可见数据块 _1.SUM1 的输出显示值为 1；以此类推，数据类型为实数型 (Real) 的数据块 _1.SB2 接通一次后，输出数据块 _1.SUM2 的结果为 1.1。图 8-34 所示为全局数据块的具体使用程序执行情况。请大家思考：如果程序段 1 中第 2 行程序不用上升沿指令运行，结果应该是什么？

图 8-34　全局数据块的具体使用程序

### 8.9.3　函数

功能 (FC) 也称函数，相当于不带背景块的子程序，用户可在 FC 中编写子程序，然后在 OB 块或 FB、FC 中去调用它。调用块将参数传递给 FC，FC 执行程序。函数是可快速执行的代码块，用于完成标准的和可重复使用的操作 ( 如算术运算等 )，还可以用于完成技术功能，如使用位逻辑运算的控制。FC 中的输出值必须写入存储器地址或全局 DB 中。

　　函数包含完成特定任务的代码和参数。FC 和 FB 有与调用它的块共享的输入和输出参数。执行完 FC 和 FB 后，返回调用它的代码块。函数可以在程序的不同位置多次调用同一个 FC，这可以简化重复执行任务的编程。

　　函数没有固定的存储区，执行结束后其临时变量中的数据就丢失了。可以用全局数据块或 M 存储区来存储那些在函数执行结束后需要保存的数据。

### 1. 生成 FC

　　下面举例说明生成 FC 的过程。例如，温度变送器测量温度为 0～100℃，经过 A/D 转换后的数据为 0～27 648，采集的实际温度值＝输入值 * 限值 /27 648。新建一个项目计算温度实际值，命名为"FC-FB 实例"。CPU 的型号选择为 CPU1214C AC/DC/Rly，打开项目树中的文件夹 \PLC_1[CPU 1214C AC/DC/Rly\ 程序块，双击其中的添加新块按钮，单击函数按钮，FC 默认编号为自动，编程语言为 LAD。设置函数的名称为 FC 块 _1，如图 8-35 所示，勾选左下角的新增并打开复选按钮，单击确定按钮返回。

图 8-35　生成 FC

### 2. 生成 FC 的局部变量

　　生成 FC 后，可以在项目树的文件夹 \PLC_1[CPU 1214C AC/DC/Rly\ 程序块中看到新生成的 FC 块 _1[FC1]，双击 FC 块 _1[FC1]，在右侧打开的视图中编辑 FC1 的局部变量。

　　在接口区可以生成局部变量，但是这些局部变量只能在它所在的块中使用，且均为符号访问寻址。块的局部变量名称由字符 ( 可为汉字 )、下画线和数字组成。在编程时引用局部变量，系统自动在局部变量名前面加上"#"标识符 ( 全局变量使用双引号，绝对地址前加"%" )。

## 8.10　基本控制指令

　　控制程序是按照控制功能的需要由不同的控制指令组成的，西门子 S7-1200 PLC 控制系统拥有丰富的控制指令。西门子 S7-1200 PLC 基本控制指令主要包括位逻辑指令、定时器指令、计数器指令、比较指令以及数学运算指令等，下面将逐一学习。

## 8.10.1　位逻辑指令

通过 PLC 实现电气系统的基本控制功能，最常用的就是位逻辑指令。西门子 PLC( 可编程逻辑控制器 ) 中的位逻辑指令是一种用于控制电气系统的编程指令，它允许我们根据特定条件的真假状态来执行不同的操作。

位逻辑指令主要用于处理开关量信号，如传感器的开关信号或按钮的状态。这些指令可以判断输入信号的状态，并根据结果执行相应的动作。在西门子 PLC 中，位逻辑指令有很多种，包括与、或、非、异或等，其中最常见的是与 (AND) 和或 (OR) 指令。与 (AND) 指令用于判断多个输入信号的状态是否同时为真，只有当所有输入信号都为真时，与指令才会输出一个真信号。或 (OR) 指令用于判断多个输入信号的状态是否至少有一个为真，只要有一个输入信号为真，或指令就会输出一个真信号。

使用位逻辑指令可以对输入信号进行逻辑判断，并根据判断结果控制相应的输出信号。这使得 PLC 可以实现复杂的逻辑控制功能，从而满足不同的自动化需求。总的来说，位逻辑指令是西门子 PLC 中用于处理开关量信号的指令，它能够根据输入信号的逻辑状态来执行相应的操作，常用的基本逻辑指令如表 8-15 所示。

表 8-15　常用的基本逻辑指令

| 指令名称 | LAD | 说　明 |
|---|---|---|
| 动合触点（常开） | %I0.0 "Tag_1" ──┤ ├── | 可将触点相互连接并创建用户自己的组合逻辑 |
| 动断触点（常闭） | %I0.1 "Tag_2" ──┤/├── | |
| 输出线圈 | %Q0.0 "Tag_3" ──( )── | 根据输入的逻辑运算结果置位或者复位其操作数的位 |
| 单一复位 | %Q0.1 "Tag_4" ──(R)── | R( 复位 ) 被激活时，OUT 地址处的数据值设置为 0；R 未被激活时，OUT 不变 |
| 单一置位 | %Q0.2 "Tag_5" ──(S)── | S( 置位 ) 被激活时，OUT 地址处的数据值设置为 1；S 未被激活时，OUT 不变 |
| 上升沿 | %I1.0 "Tag_6" ──┤P├── %I0.0 "Tag_1" | 扫描操作数的信号上升沿 |
| 下降沿 | %I1.1 "Tag_7" ──┤N├── %I0.1 "Tag_2" | 扫描操作数的信号下降沿 |

### 1. 触点和线圈指令

动合触点在指定位，图 8-36 中 I0.0 的状态为 1 时闭合线圈得电，为 0 时断开线圈失电。反之，动断触点在指定位，图 8-36 中 I0.1 的状态为 1 时断开线圈失电，为 0 时闭合线圈得电。图 8-36 的程序段 1 将两个触点串联进行与运算，图 8-36 的程序段 2 将两个触点并联进行或运算。

线圈对应于赋值指令，该指令将输入的逻辑运算结果 (RLO) 的信号状态写入指定的地址，线圈得电 (RLO 的状态为 1) 时写入 1，失电时写入 0。可以用 Q0.0:P 的线圈将数据值写入过程映像输出 Q0.0，同时立即写给对应的物理输出点。

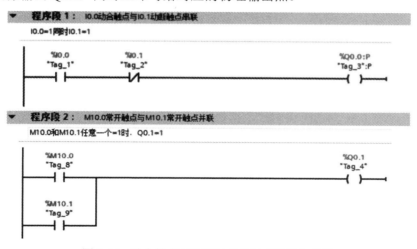

图 8-36　动合触点与动断触点及触点串联与并联

### 2. 单一置位 / 复位指令

置位 (Set) 和复位 (Reset) 指令用于控制输出的开关量信号。置位指令将指定的输出信号置为真，而复位指令将指定的输出信号置为假。这样可以根据需要控制不同的设备或执行相应的动作。通过适当地使用置位和复位指令，我们可以实现对输出信号的控制和状态更新，在使用这些指令时，需要注意其在程序中的位置和顺序，以确保逻辑的正确性和准确性。

在图 8-37 中，当 I0.3 有信号输入时 Q0.4 为 1 状态并保持。只有当 I0.4 动合触点闭合时，Q0.4 的状态才由 1 变为 0 并一直保持，即使 I0.4 的动合触点断开，Q0.4 也仍然保持为 0 状态，除非 I0.3 再次得电把 Q0.4 置为 1 状态。

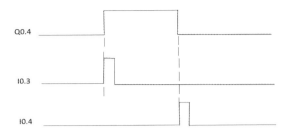

图 8-37　单一置位 / 复位指令及时序图

置位指令 (S)：将指定的位操作数置位并保持 ( 变为 1 状态并保持 )。

复位指令 (R)：将指定的位操作数复位并保持 ( 变为 0 状态并保持 )。

### 3. 上升沿和下降沿指令

上升沿 (Rising Edge) 和下降沿 (Falling Edge) 指令用于判断输入信号的状态变化。上升沿指令会在输入信号从低电平到高电平变化时输出一个真信号，而下降沿指令会在输入信号从高电平到低电平变化时输出一个真信号。这样可以根据信号的边沿变化来触发相应的操作。上升沿和下降沿指令则可以用于检测输入信号的变化，并在特定的电平变化条件满足时执行相应的任务。

图 8-38 中有 P 的触点指令的名称为输入端上升沿指令，也称扫描操作数的信号上升沿指令，如果该触点上的输入信号 I0.4 由 0 状态变为 1 状态 ( 即输入信号 I0.4 的上升沿 )，则该触点接通一个扫描周期。注意：输入端上升沿触点不能放在电路结束处。图 8-38 中有 N 的触点指令的名称为输入端下降沿指令，也称扫描操作数的信号下降沿指令，如果该触点上的输入信号 I0.5 由 1 状态变为 0 状态 ( 即 I0.5 的下降沿 )，则该触点接通一个扫描周期。该触点下面的 M6.2 为边沿存储位。

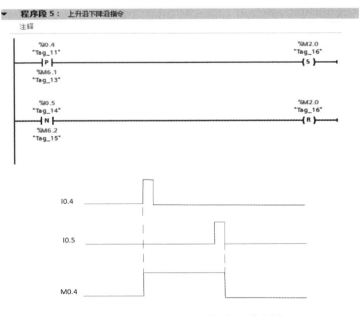

图 8-38　上升沿 / 下降沿指令及时序图

## 8.10.2　定时器指令

定时器指令

S7-1200 PLC 的定时器为 IEC 定时器，使用定时器需要使用其相关的背景数据块或者数据类型为 IEC_TIMER 的 DB 变量。S7-1200 PLC 有 4 种定时器，分别为脉冲定时器、接通延时定时器、关断延时定时器及时间累加器 ( 即保持型接通延时定时器 )，此外配合定时器使用时还经常用到复位定时器指令和加载持续时间指令。常用定时器指令如表 8-16 所示。

### 表 8-16　常用定时器指令

| 名　称 | LAD | 说　明 |
|---|---|---|
| 脉冲定时器 (TP) | %DB1<br>"IEC_Timer_0_DB"<br>TP<br>Time<br>IN　Q<br>PT　ET — T#0ms | TP 可生成具有预设宽度时间的脉冲 |
| 接通延时定时器 (TON) | %DB2<br>"IEC_Timer_0_DB_1"<br>TON<br>Time<br>IN　Q<br>PT　ET — T#0ms | TON 在预设的延时过后将输出 Q 设置为 0N |
| 关断延时定时器 (TOF) | %DB3<br>"IEC_Timer_0_DB_2"<br>TOF<br>Time<br>IN　Q<br>PT　ET — T#0ms | TOF 在预设的延时过后将输出 Q 重置 OFF |

### 1. 脉冲定时器 (TP)

脉冲定时器 (Timer Pulse) 的作用是在输入脉冲后产生一个定时器的时间延迟，定时器到达设定值后输出一个信号并停止计时。这种定时器通常用于一个脉冲信号的触发条件下，对某个事件或动作进行计时控制，如在 PLC 中常常用于测量转速、计数等。

定时器的输入 IN 为启动输入端，在输入 IN 的上升沿 ( 从 0 状态变为 1 状态 )，TP 定时器开始定时。

PT(Preset Time) 为预设时间值，ET(Elapsed Time) 为定时开始后经过的时间，称为当前时间值，它们的数据类型为 32 位的 Time，单位为 ms，Q 为定时器的位输出。各参数均可以使用 I( 仅用于 IN)、Q、M、D、L 存储区，PT 可以使用常量。定时器指令可以放在程序段的中间或结束处，可以不给输出 Q 和 ET 指定地址。

脉冲定时器的指令功能为生成脉冲，用于将输出 Q 置位为 PT 预设的一段时间。用程序状态功能可以观察当前时间值的变化情况，如图 8-39 所示。在 IN 输入信号的上升沿启动该定时器，Q 输出变为 1 状态，开始输出脉冲。定时开始后，当前时间 ET 从 0 ms 开始不断增加，达到 PT 预设的时间时，Q 输出变为 0 状态。如果 IN 输入信号一直为 1 状态，则当前时间值保持不变；如果 IN 输入信号为 0 状态，则当前时间变为 0 ms。

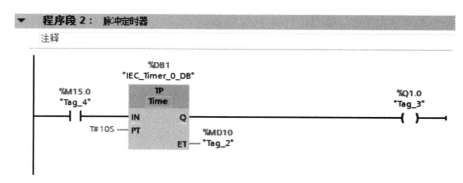

图 8-39　脉冲定时器

IN 输入的脉冲宽度可以小于预设值，在脉冲输出期间，即使 IN 输入出现下降沿和上升沿，也不会影响脉冲的输出。

### 2. 接通延时定时器 (TON)

接通延时定时器 (Timer On) 的作用是在输入的使能信号出现后，延迟一段时间再输出一个控制信号，通常用于开启某些设备或执行某些操作前，需要进行一段时间的准备工作的场合。这种定时器可以防止开机瞬间电压过高，造成对设备的损害。

接通延时定时器用于将 Q 输出的置位操作延迟 PT 指定的一段时间。IN 输入电路由断开变为接通时开始定时，定时时间大于等于 PT 的设定值时，输出 Q 变为 1 状态，当前时间值 ET 保持不变，如图 8-40 所示。IN 输入电路断开时，定时器复位，当前时间被清零，输出 Q 变为 0 状态。CPU 第一次扫描时，定时器输出 Q 被清零。

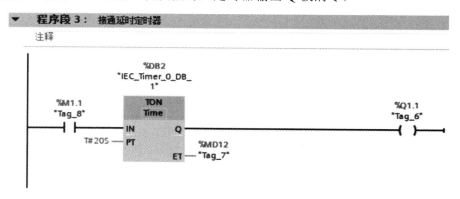

图 8-40　接通延时定时器

### 3. 关断延时定时器 (TOF)

关断延时定时器用于将 Q 输出的复位操作延迟 PT 指定的一段时间。IN 输入电路接通时，输出 Q 为 1 状态，当前时间被清零。IN 输入电路由接通变为断开时（输入 IN 的下降沿）开始定时，当前时间从 0 逐渐增大，如图 8-41 所示。当前时间等于预设值时，输出 Q 变为 0 状态，当前时间保持不变，直到 IN 输入电路再次接通。关断延时定时器可以用于设备停机后延时，如加热炉与循环风的延时控制。

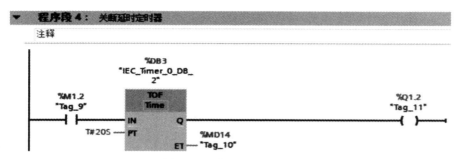

图 8-41　关断延时定时器

如果当前时间未达到 PT 预设值，则 IN 输入信号就变为 1 状态，当前时间被清零，输出 Q 将保持 1 状态不变。

计数器指令

### 8.10.3　计数器指令

计数器指令用来累计输入脉冲的次数，在实际应用中经常用来对产品进行计数或完成一些复杂的逻辑控制。计数器与定时器的结构和使用基本相似，编程时输入它的预设值 PV( 计数的次数 )，计数器累计它的脉冲输入端上升沿 ( 正跳变 ) 个数，当计数值 CV 达到预设值 PV 时，计数器动作，以便完成相应的处理。

S7-1200 PLC 有 3 种 IEC 计数器：加计数器 (CTU)、减计数器 (CTD)、加减计数器 (CTUD)。对于每种计数器，计数值可以是任何整数数据类型。函数块调用 IEC 计数器指令时，需生成保存计数器数据的背景数据块来存储计数器数据。3 种计数器指令如表 8-17 所示。

表 8-17　计 数 器 指 令

| 指令名称 | LAD、FBD | 说　　明 |
| --- | --- | --- |
| 加计数器<br>(CTU) | %DB6<br>"IEC_Counter_0_<br>DB_1"<br>CTD<br>Int<br>CD　　Q<br>LD　　CV<br>PV | 可使用计数器指令对内部程序事件和外部过程事件进行计数。每个计数器都使用数据块中存储的结构来保存计数器数据。用户在编辑器中放置计数器指令时分配相应的数据块 |
| 减计数器<br>(CTD) | %DB6<br>"IEC_Counter_0_<br>DB_1"<br>CTD<br>Int<br>CD　　Q<br>LD　　CV<br>PV | |
| 加减计数器<br>(CTUD) | %DB7<br>"IEC_Counter_0_<br>DB_2"<br>CTUD<br>Int<br>CU　　QU<br>CD　　QD<br>R<br>LD<br>PV　　CV | 可使用计数器指令对内部程序事件和外部过程事件进行计数。每个计数器都使用数据块中存储的结构来保存计数器数据。用户在编辑器中放置计数器指令时分配相应的数据块 |

### 1. 加计数器

每当 CU 从 0 状态变为 1 状态时，CV 加 1；当 CV = PV 时，Q 输出 1，此后 CU 从 0 状态变为 1 状态，Q 保持输出 1，CV 继续加 1 直到达到计数器指定的整数类型的最大值。在任意时刻，只要 R 为 1，Q 输出为 0，CV 就立即停止计数并清零，如图 8-42 所示。图 8-43 所示为 PV = 3 的加计数器时序图。

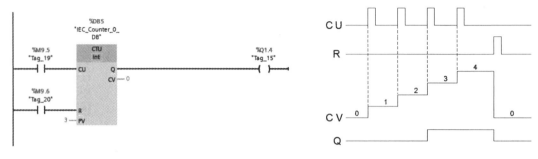

图 8-42　加计数器　　　　　　　图 8-43　PV = 3 的加计数器时序图

### 2. 减计数器

每当 CD 从 0 状态变为 1 状态时，CV 减 1；当 CV = 0 时，Q 输出 1，此后 CD 从 0 状态变为 1 状态，Q 保持输出 1，CV 继续减 1 直到达到计数器指定的整数类型的最小值。在任意时刻，只要 R 为 1，Q 输出为 0，CV 就立即停止计数并回到 PV 值，如图 8-44 所示。图 8-45 所示为 PV = 3 的减计数器时序图。

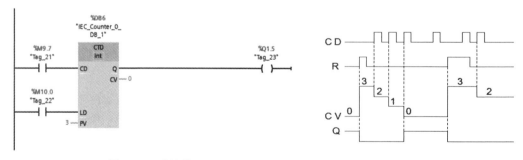

图 8-44　减计数器　　　　　　　图 8-45　PV = 3 的减计数器时序图

### 3. 加减计数器

每当 CU 从 0 状态变为 1 状态时，CV 加 1；每当 CD 从 0 状态变为 1 状态时，CV 减 1。当 CV ≥ PV 时，QU 输出为 1；当 CV < PV 时，QU 输出为 0。当 CV ≤ 0 时，QD 输出为 1：当 CV > 0 时，QD 输出为 0。CV 的上、下限取决于计数器指定的整数类型的最大值与最小值。

在任意时刻，只要 R 为 1，CV 立即停止计数并回到 PV 值，如图 8-46 所示。图 8-47 所示为 PV = 4 的加减计数器时序图。

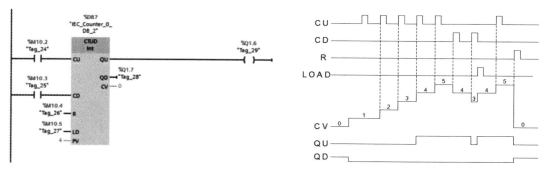

图 8-46　加减计数器　　　　　　　图 8-47　PV = 4 的加减计数器时序图

### 8.10.4　比较指令

比较指令主要用于数值的比较以及数据类型的比较，如表 8-18 所示。

表 8-18　比 较 指 令

| 指令名称 | LAD | FBD | 说　　明 |
|---|---|---|---|
| 比较指令 | %MB1<br>"Tag_1"<br>==<br>Byte<br>10 | ==<br>Byte<br>%MB1<br>"Tag_1" — IN1<br>10 — IN2 | 比较数据类型相同的两个值。该 LAD 触点比较结果为 TRUE 时，该触点会被激活。如果该 FBD 功能框比较结果为 TRUE，则功能框输出为 TRUE |

#### 1. 比较指令

比较指令用来比较数据类型相同的两个数 MB1 和 10 的大小，如图 8-48 所示，MB1 和 10 分别在触点的上面和下面，操作数可以是 I、Q、M、L、D 存储区中的变量或常数。比较两个字符是否相等时，实际上比较的是它们各自对应字符 ASCII 码值的大小，第一个不相同的字符决定了比较的结束。

可以将比较指令视为一个等效的触点，比较符号可以是 "="（等于）、"<>"（不等于）、">"（大于）、">="（大于等于）、"<"（小于）、和 "<="（小于等于）。满足比较关系式给出的条件时，等效触点接通。例如，当 MD28 的值 134.5>123.45 时，图 8-48 第一行中间的比较触点接通。

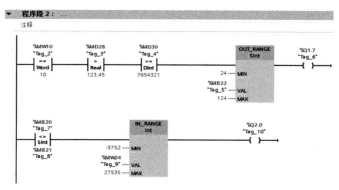

图 8-48　比较指令

生成比较指令后，双击触点中间比较符号下面的问号，单击 ![] 三角按钮，在下拉列表中设置要比较的数的数据类型。数据类型可以是位字符、整数、浮点数、字符串、Time、Date、TOD 和 DLT 等。比较指令的比较符号也可以修改，双击比较符号，单击出现的 ![] 按钮，同样可以在下拉列表中进行修改。

### 2. 值在范围内与值超出范围指令

值在范围内指令 IN_RANGE 与值超出范围指令 OUT_RANGE 也可以视为一个等效触点，如果有"能流"流入指令方框，则执行比较，反之不执行比较。图 8-48 中 IN_RANGE 指令的参数 VAL 不满足 MIN≤VAL≤MAX 时，等效触点断开，功能框为蓝色的虚线。OUT_RANGE 指令的参数 VAL 满足 VAL<MIN 或 VAL>MAX 时，等效触点闭合，功能框为绿色。这两条指令的 MIN、VAL 和 MAX 的数据类型必须相同，可以是整数和实数，也可以是 I、Q、M、D 存储区中的变量或常数。

### 3. 检查有效性与检查无效性指令

检查有效性指令和检查无效性指令用来检测输入数据是否为有效的实数（即浮点数）。如果是有效性的实数，则 OK 触点接通，反之 NOT_OK 触点接通。触点上面的变量数据类型为 Real。

执行图 8-49 中的乘法指令 MUL 之前，首先用 OK 指令检查 MUL 指令的两个操作数是否是实数，如果不是，则 OK 触点断开，没有"能流"流入 MUL 指令的使能输入端 EN，从而不会执行乘法指令。

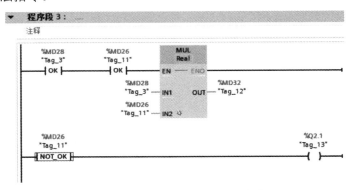

图 8-49　OK 指令与 NOT_OK 指令

## 8.10.5　数学运算指令

数学运算指令包含一般的数学函数指令和字逻辑运算指令。数学函数指令用于实现基本的加减乘除、指数、三角函数等功能。字逻辑运算指令主要用于实现位序列的与、或、异或等功能。

### 1. 四则运算指令

ADD、SUB、MUL 和 DIV 分别是加、减、乘、除指令，它们统称为四则运算指令。它们执行的操作数据类型可以是整数 (SIt、Int、Dint、USInt、UInt) 和浮点数 (Real)，指令的两个输入 IN1 和 IN2 可以是常数，但 IN1、IN2 和 OUT 的数据类型应相同。

DIV 指令将得到的商取整后作为整数格式的输出 OUT。ADD 和 MUL 指令允许有多个输入，单击功能框中参数 IN2 后面的黄色星号将会增加输入 IN3，以后增加输入的编号依次递增。

### 2. 四则运算指令应用举例

四则运算指令示例如图 8-50 所示。执行完该程序后，各存储单元数值：MW20 = 30，MW22 = 20，MW24 = 200，MW26 = 20。

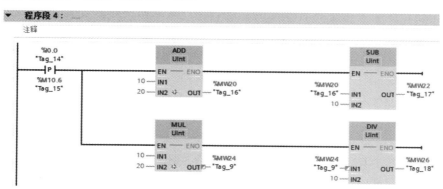

图 8-50　四则运算指令示例

### 3. CALCULATE 指令

可以使用计算指令 CALCULATE 定义和执行数学表达式，根据所选的数据类型计算复杂的数学运算或逻辑运算。CALCULATE 指令对话框给出了所选数据类型可以使用的指令，在该对话框中输入待计算的表达式，即 (IN1 + IN2)IN3/IN4，如图 8-51 所示，该表达式可以包含输入参数的名称 (IN$n$) 和运算符，不能指定功能框外的地址和常数。

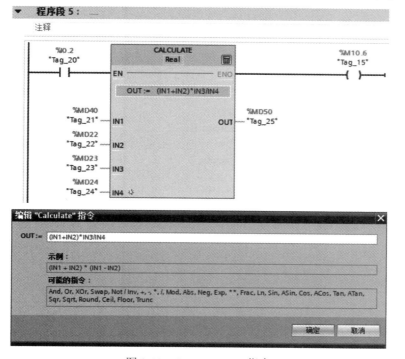

图 8-51　CALCULATE 指令

在初始状态下，功能框只有两个输入 IN1 和 IN2。单击功能框左下角的 ⁂ 可以增加输入参数的个数。功能框按升序对插入的输入编号，表达式可以不使用所有已定义的输入。运行时使用功能框外输入的值执行指定表达式的运算，运算结果传送到 OUT。

### 8.10.6　移动操作指令

移动操作指令主要用于各种数据的移动、相同数据不同排列的转换，以及实现 S7-1200 PLC 间接寻址功能部分的移动操作。移动操作指令内容较多，下面只介绍几种常用的移动操作指令，详细内容请参考 TIA 博途软件在线帮助或西门子官网资料。

#### 1. 移动值指令

移动值指令 MOVE 用于将输入 IN 的源数据传送给输出 OUT 的目的地址，并且转换为 OUT 允许的数据类型，源数据保持不变。IN 和 OUT 的数据类型可以是位字符串、整数、浮点数、定时器、日期时间、Char、WChar、Struct、Array、IEC 定时器 / 计数器数据类型、PLC 数据类型，其中 IN 的数据类型还可以是常数。MOVE 指令允许有多个输出，程序状态监控可以更改变量的显示格式，如图 8-51 所示，OUT1 显示十进制数 12345，OUT2 显示十六进制 16#3039。

#### 2. 交换指令

当 IN 和 OUT 的数据类型为 Word 时，交换指令 SWAP 交换输入 IN 的高、低字节后保存到 OUT 指定的地址。当 IN 和 OUT 的数据类型为 DWord 时，交换 4 字节中数据的顺序，交换后保存到 OUT 指定的地址，如图 8-52 所示。

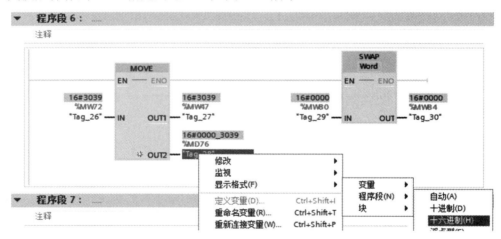

图 8-52　MOVE 指令和 SWAP 指令

## 8.11　S7-1200 PLC 的通信

S7-1200 作为西门子典型的 PLC，其通信网络也具有代表性。下面介绍西门子工业自动化网络的特点及分类，并重点介绍西门子 S7-1200 PLC 网络通信的设置方法。

## 8.11.1　西门子工业自动化通信网络

按照国际和国家标准，以计算机网络的开放系统互联模型 (ISO/OSI) 为参考模型，西门子提供了各种开放的、应用于不同控制级别的工业环境的通信系统，统称为 SIMATIC NET。SIMATIC NET 定义了如下内容：网络通信的物理传输介质、传输元件以及相关的传输技术，在物理介质上传输数据所需的协议和服务，以及 PLC 与 PC 联网所需的通信模块 (Communication Processor，CP)。

西门子工业自动化通信网络 SIMATIC NET 从简单的传感器连接到整个工厂质量和生产数据的采集和传输，为企业提供丰富的工业通信解决方案，满足企业中各 PLC 与远程 I/O 设备完成生产现场分散控制的需求。SIMATIC NET 中应用最广泛的是工业以太网，它作为控制级的应用网络，同单元级的 PROFIBUS 和现场级的 AS Interface 共同组成了西门子完整的工业网络体系。

### 1. 工业以太网

西门子的工业自动化通信网络 SIMATIC NET 的顶层为工业以太网，它是基于国际标准 IEEE 802.3 的开放式网络，可以集成到互联网。网络规模可达 1024 站，距离为 1.5 km( 电气网络 ) 或 200 km( 光纤网络 )。S7-1200/1500 PLC 的 CPU 都集成了 PROFINET 以太网接口，可以与编程计算机、人机界面和其他 S7 PLC 通信。

### 2. PROFIBUS 现场总线

西门子自动化通信网络的中间层为开放式工业现场总线 PROFIBUS，符合国际标准 IEC 6158。它是一种用于工厂自动化车间级监控和现场级设备层数据与控制的国际标准，为实现工厂综合自动化和现场设备智能化提供了可行的解决方案。PROFIBUS 的传输速率最高可达 12 Mb/s，用屏蔽双绞线电缆 ( 最长 9.6 km) 或光缆 ( 最长 90 km) 最多可以连接 127 个从站。PROFIBUS 提供了以下 3 种通信协议。

(1) PROFIBUS-FMS(Fieldbus Message Specificion)，意为现场总线报文规范，是一种基于 Profibus 协议的通信方式，主要用于工业自动化系统中设备之间的信息交互。

(2) PROFIBUS-DP(Decentralized Periphery)，意为分布式外围设备，是一种高速低成本、用于设备级控制系统与分散式 I/O 间的通信方式，其数据传输速率可达 12 Mb/s。主站之间的通信为令牌方式，主站与从站之间为主从方式，还有这两种方式的组合。S7-1200 PLC 有 PROFIBUS-DP 主站模块 CM 1243-5 和 PROFIBUS-DP 从站模块 CM 1242-5。

(3) PROFIBUS-PA(Process Automation)，意为过程自动化，用于 PLC 与过程自动化的现场传感器和执行器的低速数据传输。由于采用 IEC 61158-2 标准确保了本质安全，因此可以用于防爆区域的传感器和执行器与重要控制系统的通信。

### 3. PROFINET 现场总线

PROFINET 是基于工业以太网的开放现场总线，提供了实时功能，通过它可以将分布式 I/O 设备直接连接到工业以太网，可用于对实时性要求较高的自动化解决方案中，能满足自动化的需求，如运动控制。

S7-1200 PLC CPU 集成的 PROFINET 接口可以与计算机、其他 S7 CPU、PROFINET I/O 设备和使用标准的 TCP 的设备通信。如图 8-53 所示，数据可以从 PROFIBUS-DP 网络通过代理集成到 PROFINET 系统，而且用户无须改动现有的组态和编程。使用 PROFINET I/O 设备时，现场设备可以直接连接到以太网，与 PLC 进行高速数据交换。

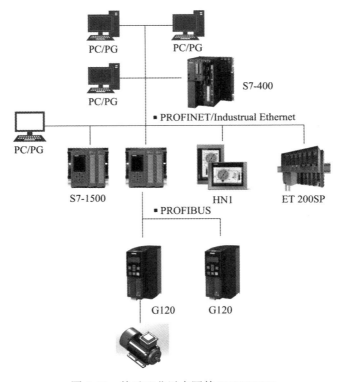

图 8-53    基于工业以太网的 PROFINET

## 8.11.2    S7-1200 PLC 以太网通信

### 1. S7-1200 PLC 以太网通信简介

西门子工业以太网可应用于单元级、管理级的网络，其通信数据量大、传输距离长。S7-1200 PLC CPU 以太网接口可以通过直接连接或交换机连接的方式与其他设备通信。

1) 直接连接

当编程设备与 CPU、HMI 与 CPU 以及 PLC 与 PLC 通信时，只有两个通信设备，直接使用网线连接两个设备即可。

2) 交换机连接

当两个以上的设备进行通信时，需要使用交换机实现网络连接。S7-1200 PLC CPU 本体集成了以太网接口，CPU 1215C 和 CPU 1217C 内置了一个双端口的以太网交换机，有两个以太网接口，可连接两个通信设备。也可以选择使用西门子 CSM1277 四端口交换机或 SCALANCE X 系列交换机连接多个 PLC 或 HMI 等设备，如图 8-54 所示。

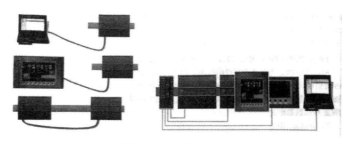

图 8-54　交换机连接

### 2. S7-1200 PLC CPU 集成的以太网接口的通信功能和连接资源

S7-1200 PLC CPU 集成了 1～2 个以太网端口，支持非实时和实时等多种通信服务。非实时通信包括 PG 通信、HMI 通信、开放式用户通信 (Open User Communication，OUC)、S7 通信、Modbus TCP 通信。实时通信主要用于 PROFINET I/O 通信。

1) PG 通信

PG 通信主要用在 TIA 博途软件中，对 CPU 进行在线连接、上/下载程序、测试和诊断。S7-1200 PLC CPU 具有 4 个连接资源用于编程设备通信，但是同一时刻也只允许 1 个编程设备的连接。在项目视图中选中 PLC，右键选择属性选项，在弹出的界面中选择连接资源可以看到 CPU 的连接资源。

2) HMI 通信

HMI 通信主要用于连接西门子精简面板、精致面板、移动面板以及一些带有 S7-1200 PLC CPU 驱动的第三方 HMI 设备。S7-1200 PLC CPU 具有 12 个与 HMI 设备通信的连接资源。HMI 设备根据使用功能的不同，占用的连接资源也不同。例如，SIMATIC 精简面板占用 1 个连接资源，精致面板最多占用 2 个连接资源，而 WinCC RT Professional 则最多占用 3 个连接资源。因此，S7-1200 PLC CPU 实际连接 HMI 设备的数量取决于 HMI 设备的类型和使用功能，但是可以确保至少 4 个 HMI 设备的连接。

3) S7 通信

S7 通信作为 SIMATIC 的同构通信，用于 SIMATIC CPU 之间的相互通信。该通信标准未公开，不能用于与第三方设备通信。S7 和 OUC 通信为非实时通信，它们主要应用于站点间的数据通信。对比 OUC 通信，S7 通信是一种更加安全的通信协议。S7-1200 PLC CPU 系统预留了 8 个可组态的 S7 连接资源，再加上 6 个动态连接资源，最多可组态 14 个 S7 连接。在这些组态的 S7 连接中，S7-1200 PLC CPU 可作为客户端或服务器。

4) Modbus TCP 通信

Modbus 协议是一种简单、经济和公开透明的通信协议，主要用于不同类型总线或网络中设备之间的客户端/服务器通信。Modbus TCP 结合了 Modbus 协议和 TCP/IP 网络标准，是 Modbus 协议在 TCP/IP 上的具体实现，数据传输时在 TCP 报文中插入 Modbus 应用数据单元。Modbus TCP 使用 TCP(遵循 RFC 793) 作为 Modbus 的通信路径，通信时其将占用 CPU 开放式用户通信资源。

5) PROFINET I/O 通信

PROFINET I/O 是 PROFIBUS/PROFINET 国际组织基于以太网自动化技术标准定义的一种跨供应商的通信、自动化系统和工程组态的模型。PROFINET I/O 通信具有很好的实时性，主要用于模块化、分布式控制。S7-1200 PLC CPU 作为 PROFINET I/O 控制器时支持 16 个 I/O 设备站点，所有 I/O 设备站点的子模块的数量最多为 256 个。

### 8.11.3　S7-1200 PLC 与变频器通信

西门子 S7-1200 PLC 与变频器连接的步骤：先进行硬件连接，然后设置变频器的参数，接着在控制系统中完成硬件的组态，最后进行测试实验。各步骤的详细介绍如下。

#### 1. 硬件连接

因为 MM440 通信口是端子连接，所以 PROFIBUS 电缆不需要网络插头，而是剥出线头直接压在端子上，如果还要连接下一个驱动装置，则两条电缆的同色芯线可以压在同一个端子内。PROFIBUS 电缆的红色芯线应当压入端子 29，绿色芯线应当连接到端子 30。MM440 的通信接线如图 8-55 所示。

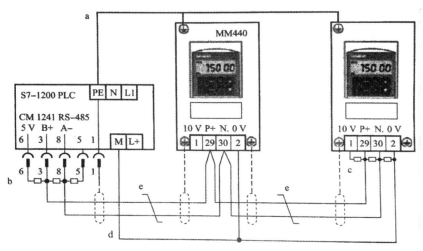

图 8-55　MM440 的通信接线图

图 8-55 中，a 为屏蔽 / 保护接地母排，或可靠的多点接地，此连接对抑制干扰有重要意义；b 为 PROFIBUS 网络插头，内置偏置和终端电阻；c 为 MM440 端的偏置和终端电阻；d 为通信口的等电位连接，可以保护通信口不致因共模电压差损坏或通信中断；e 为双绞屏蔽电缆，由于是高速通信，故电缆的屏蔽层须双端接地（接 PE）。

硬件连接需要注意的是，几乎所有网络通信质量方面的问题都与未考虑到下列事项有关：

(1) 一个完善的总线型网络必须在两端接偏置和终端电阻。偏置电阻用于在复杂的环境下确保通信线上的电平在总线未被驱动时保持稳定，终端电阻用于吸收网络上的反射信号。

(2) 通信口 M 的等电位连接建议单独采用较粗的导线，而不要使用 PROFIBUS 的屏蔽层，因为此连接上可能有较大的电流，导致通信中断。

(3) SIEMENS 电缆的屏蔽层要尽量大面积接 PE。一个实用的做法是在靠近插头、接线端子处环剥外皮，用压箍将裸露的屏蔽层压紧在 PE 接地体上（如 PE 母排或良好接地的裸露金属安装板）。

(4) 通信线与动力线分开布线，紧贴金属板安装也能改善抗干扰能力。驱动装置的输入 / 输出端要尽量采用滤波装置，并使用屏蔽电缆。

(5) 在 MM440 的包装内提供了终端和偏置电阻元件，接线时可按说明书直接压在端子上。有条件的情况下可采用热缩管将此元件包裹，并适当固定。

2. 变频器 M440 的参数设置

使用 USS 协议进行通信之前，需要对变频器有关的参数进行设置，如表 8-19 所示。

表 8-19　变频器 M440 的参数设置

| 序号 | 功　　能 | 参　数 | 设　定　值 |
|---|---|---|---|
| 复位参数为出厂设置值 | | | |
| 1 | 工厂缺省设置复位 | P0010 | 30 |
| 2 | 工厂缺省设置复位 | P970 | 1 |
| 快速调试参数设置 | | | |
| 3 | 快速调试设置 | P0010 | 1 |
| 4 | 电动机额定电压设置 | P0304 | 根据电动机铭牌数据 |
| 5 | 电动机额定电流设置 | P0305 | 根据电动机铭牌数据 |
| 6 | 电动机额定功率设置 | P0307 | 根据电动机铭牌数据 |
| 7 | 电动机额定频率设置 | P0310 | 根据电动机铭牌数据 |
| 8 | 电动机额定转速设置 | P0311 | 根据电动机铭牌数据 |
| 9 | USS 命令源 | P0700 | 5 |
| 10 | 激活专家模式 | P0003 | 3 |
| 11 | 参考频率 | P2000 | 50 Hz |
| 12 | USS 数据传输速率 | P2010 | 9 |
| 13 | USS 从站地址 | P2011 | 1 |
| 14 | USS PZD 长度 | P2012 | 2 |
| 15 | USS PKW 长度 | P2013 | 4 |
| 16 | 在 EEPROM 保存数据 | P0971 | 1 |

3. S7-1200 PLC 的硬件组态

首先在软件中建立一个名为 "S7-1200 与变频器 USS 通信" 的项目，并在硬件配置中添加 CPU 1214C 和通信模块 CM 1241 RS-485，把 CM 1241 RS-485 通信模块拖放到 CPU 左边的 101 号槽，如图 8-56 所示。

图 8-56　S7-1200 PLC 的硬件配置

在 CPU 的属性中设置以太网的 IP 地址，建立 PC 与 PLC 的连接。通信模块的端口组态参数如图 8-57 所示。

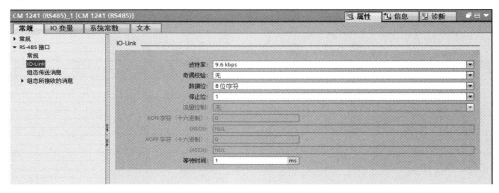

图 8-57　通信模块的端口组态参数

在 PLC 系统常量选项卡中查找到 RS-485 的端口值，系统常数值在编程中使用，通信端口查询如图 8-58 所示。

| | | 名称 | 数据类型 | 值 | 注释 |
|---|---|---|---|---|---|
| 10 | | Local~Common | Hw_SubModule | 50 | |
| 11 | | Local~Device | Hw_Device | 32 | |
| 12 | | Local~Configuration | Hw_SubModule | 33 | |
| 13 | | Local | Hw_SubModule | 49 | |
| 14 | | Local~DI_14_DQ_10_1 | Hw_SubModule | 257 | |
| 15 | | Local~AI_2_1 | Hw_SubModule | 258 | |
| 16 | | Local~MC | Hw_SubModule | 51 | |
| 17 | | Local~HSC_1 | Hw_Hsc | 259 | |
| 18 | | Local~HSC_2 | Hw_Hsc | 260 | |
| 19 | | Local~HSC_3 | Hw_Hsc | 261 | |
| 20 | | Local~HSC_4 | Hw_Hsc | 262 | |
| 21 | | Local~HSC_5 | Hw_Hsc | 263 | |
| 22 | | Local~HSC_6 | Hw_Hsc | 264 | |
| 23 | | Local~Pulse_1 | Hw_Pwm | 265 | |
| 24 | | Local~Pulse_2 | Hw_Pwm | 266 | |
| 25 | | Local~Pulse_3 | Hw_Pwm | 267 | |
| 26 | | Local~Pulse_4 | Hw_Pwm | 268 | |
| 27 | | Local~PROFINET_接口_1 | Hw_Interface | 64 | |
| 28 | | Local~PROFINET_接口_1~端口_1 | Hw_Interface | 65 | |
| 29 | | Local~DI_16x24VDC_DQ_16xRela... | Hw_SubModule | 269 | |
| 30 | | Local~CM_1241_(RS485)_1xSubModule | Hw_SubModule | 270 | |

图 8-58　通信端口查询

### 4. PLC 监控变频器试验

将程序下载到 PLC 并运行在 RUN 模式，用以太网接口监视 PLC；接通变频器并用基本操作面板显示变频器的频率；单击全部监视按钮，启动状态监视功能，接通或断开 PLC 的某些开关，可实现控制电动机停车或转动、控制电动机转动方向等操作。

## 8.12　组　态　软　件

组态软件指一些数据采集与过程控制的专用软件，它们是在自动控制系统监控层一级的软件平台和开发环境，能以灵活多样的组态方式（而不是编程方式）提供良好的用户开发界面和简洁的使用方法，解决了控制系统通用性问题。其预设置的各种软件模块可以非常容易地实现和完成监控层的各项功能，并能同时支持各种硬件厂家的工控设备和 I/O 产品，与高可靠的工控计算机和网络系统结合，可向控制层和管理层提供软、硬件的全部接口进行系统集成。组态软件的应用领域很广，可以应用于电力系统、给水系统、石油、化工等领域的数据采集与监视控制以及过程控制。

## 8.12.1　组态软件的发展和特点

传统的工业控制软件（简称工控软件）是技术人员根据控制系统要求开发出来的，一旦工业被控对象有变动，就必须修改其控制系统的源程序，导致其开发周期变长；已开发成功的工控软件又由于每个控制项目的不同而使其重复使用率很低，导致它的价格非常昂贵；在修改工控软件的源程序时，倘若原来的编程人员因工作变动而离开，则必须同其他技术人员进行源程序的修改沟通，非常不便。随着工业自动化水平的迅速提高，以及计算机在工业领域的广泛应用，人们对工业自动化的要求越来越高，种类繁多的控制设备和过程监控装置在工业领域的应用，使通用工业自动化组态软件的出现为解决上述实际工程问题提供了一种崭新的方法，因为它能够很好地解决传统工控软件存在的各种问题，使用户能根据自己的控制对象和控制目的任意组态，完成最终的自动化控制工程。

组态 (Configuration) 就是采用应用软件中提供的工具、方法完成工程中某一具体任务的过程。组态的概念最早出现在工业计算机控制中，如集散控制系统组态、PLC 梯形图组态。人机界面生成软件就称为工控组态软件。

组态软件大都支持各种主流工控设备和标准通信协议，并且通常应提供分布式数据管理和网络功能。对应于原有的 HMI 的概念，组态软件还是一个使用户能快速建立自己的 HMI 的软件工具或开发环境。随着组态软件的快速发展，实时数据库、实时控制 SCADA、通信及联网、开放数据接口、对 I/O 设备的广泛支持已经成为它的主要内容，监控组态软件将会不断被赋予新的内容。

组态为模块化任意组合，通用组态软件的主要特点如下。

(1) 延续性和可扩充性。使用通用组态软件开发的应用程序，当现场（包括硬件设备和系统结构）或用户需求发生改变时，无须做很多修改就能方便地完成软件的更新和升级。

(2) 封装性（易学易用）。通用组态软件所能完成的功能都用一种方便用户使用的方法包装起来，用户无须掌握太多的编程语言技术（甚至不需要编程技术），就能很好地完成一个复杂工程要求的所有功能。

(3) 通用性。每个用户根据工程实际情况，利用通用组态软件提供的底层设备 (PLC、智能仪表、智能模块、板卡、变频器等) 的 I/O Driver、开放式的数据库和画面制作工具，就能完成一个具有动画效果、实时数据处理、历史数据和曲线并存的，具有多媒体功能和网络功能的工程，且不受行业限制。

## 8.12.2　组态软件的功能

组态软件主要有以下几项功能。

(1) 强大的界面显示组态功能。目前，工控组态软件大都运行于 Windows 环境下，充分利用 Windows 具有的图形功能完善、界面美观的特点，展现了可视化的风格界面、丰富的工具栏，操作人员可以直接进入开发状态，节省时间。丰富的图形控件和工况图库提供了所需的组件，方便界面制作，还提供了丰富的作图工具，可随心所欲地绘制出各种工业界面，并可任意编辑，从而将开发人员从繁重的界面设计中解放出来；丰富的动画连接方式（如隐含、闪烁、移动等）使界面生动、直观。

(2) 良好的开放性。社会化的大生产使由系统构成的全部软、硬件不可能都出自一家公司的产品，异构是当今控制系统的主要特点之一。开放性是指组态软件能与多种通信协议互联，支持多种硬件设备。开放性是衡量一个组态软件好坏的重要指标。组态软件向下应能与底层的数据采集设备通信，向上能与管理层通信，实现上位机与下位机的双向通信。

(3) 丰富的功能模块。组态软件提供丰富的控制功能库，能满足用户的测控要求和现场要求。利用各种功能模块，可以完成实时监控，产生功能报表，显示历史曲线、实时曲线，提醒报警等，使系统具有良好的人机界面，易于操作。系统既可适用于单机集中式控制、DCS 分布式控制，也可适用于带远程通信能力的远程测控系统。

(4) 强大的数据库。组态软件配有实时数据库，可存储各种数据，如模拟量、离散量、字符型等，可实现与外部设备的数据交换。

(5) 可编程序的命令语言。组态软件有可编程序的命令语言，使用户可根据自己的需要编写程序，实现特定的软件功能。

(6) 周密的系统安全防范。组态软件对不同的操作者赋予不同的操作权限，以保证整个系统的安全可靠运行。

(7) 仿真功能。组态软件提供强大的仿真功能使系统并行设计，从而缩短开发周期。

### 8.12.3　精简系列面板的组态及应用

精简系列面板主要是与 S7-1200 PLC 配套的触摸屏，适用于简单的应用，操作直观方便，具有报警、配方管理、趋势图显示、用户管理等功能。SIMATIC S7-1200 PLC 与 SIMATIC HMI 精简系列面板的完美整合，为小型自动化应用提供了一种简单的可视化的控制解决方案。

HMI 组态及应用

SIMATIC STEP 7 Basic 是西门子开发的高集成度工程组态系统，提供了直观易用的编辑器，用于对 SIMATIC S7-1200 PLC 和 SIMATIC HMI 精简系列面板进行高效组态。

下面以 KTP900 Basic 触摸屏为例，介绍"电动机启停"项目的实现过程。本项目的控制要求选择西门子 SIMATIC HMI 精简系列面板 KTP900 Basic 触摸屏作人机界面，通过单击触摸屏上的启动和停止按钮，实现对电动机的启停控制，并且通过触摸屏上的电动机运行状态实现对电动机工作状态的监控功能。

#### 1. 硬件组态

设置自动化系统需要对各硬件组件进行组态、分配参数和互联。在设备和网络视图中添加 PLC 控制器和 HMI 人机界面以及设备网络连接。

##### 1) 添加 HMI 新设备

打开前面章节的电动机启停项目，双击项目树中的添加新设备按钮，再添加一个 HMI 新设备。如图 8-59 所示，选中图中的 SIMATIC 精简系列面板→ 9 显示屏→ KTP900 Basic，选好相应的供货号后单击确定按钮，完成添加。

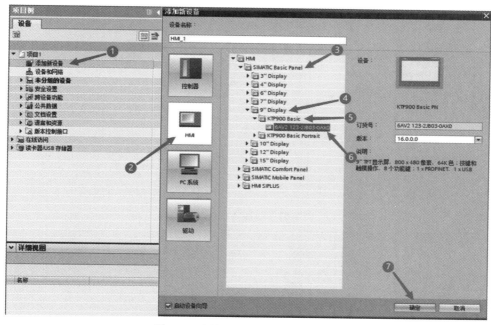

图 8-59  添加 HMI 触摸屏设备界面

2) 设备网络组态

添加完 HMI 设备后，选择设备和网络视图，单击视图中呈现绿色的 CPU1214C 的 PROFINET 网络接口，按住鼠标左键拖动至右边呈现绿色的 KTP900 Basic 的 PROFINET 网络接口上，则两者的 PROFINET 网络就连接成功了，如图 8-60 所示，可以在网络属性对话框中修改网络名称，完成设备组态和网络连接。

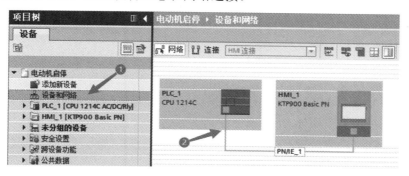

图 8-60  网络连接视图

2. PLC 与触摸屏数据连接

电动机启停项目中 PLC_1 控制器定义了 I/O 变量，要想在触摸屏对这些变量进行读写操作，则必须在触摸屏 HMI_1 中添加相对应的变量，通过网络 PN/IE_1 连接到一起。

例如，添加指示灯变量。选择项目树→ HMI_1[KTP900 Basic PN] → HMI 变量→默认变量表，单击添加按钮，输入变量名指示灯，为了界面设计方便，HMI 变量名可以取汉字短语，如图 8-61 所示；添加 PLC 变量 Tag_3，完成 HMI_1 变量指示灯与 PLC_1 变量 Tag_3 的连接，如图 8-62 所示。

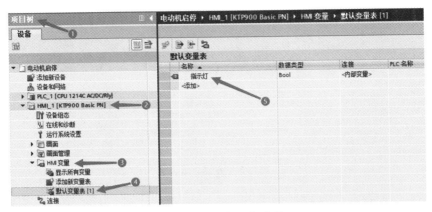

图 8-61    添加指示灯变量

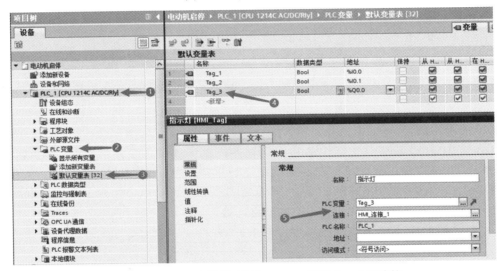

图 8-62    HMI_1 变量指示灯与 PLC_1 变量 Tag_3 的连接

经过上述设置，变频器从触摸屏→HMI_1 变量指示灯→网络 HMI_ 连接 _1 → PLC_1 变量 Tag 3 → PLC 名称 PLC_1，实现了触摸屏与 PLC 的数据连接。其他变量按上述操作可以完成变量连接，如图 8-63 所示。

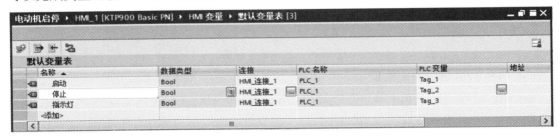

图 8-63    HMI_1 与 PLC_1 变量连接

3. HMI 可视化组态

1) 界面组态

选择项目树→ HMI_1[KTP900 Basic PN] →画面→画面 _1。右侧工具箱中有很多工具，包括基本对象、元素、控件，可以实现丰富的界面功能。从元素工具列表中选择按钮拖入界面，添加 2 个操作按钮，即启动和停止。添加一个运行状态显示图标，添加文本运行状态，如图 8-64 所示。

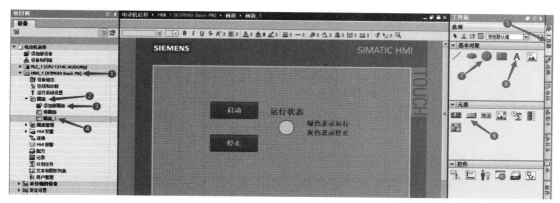

图 8-64　界面组态

2) 按钮属性

光标移到按钮处，右击选择属性→常规，模式设为文本，标签选择文本，输入按钮名称启动，如图 8-65 所示。

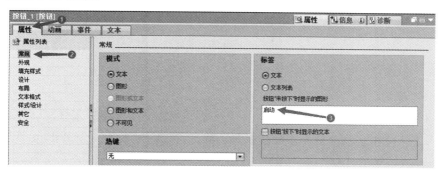

图 8-65　设置按钮常规属性

单击事件给按钮添加动作。单击按下按钮选择添加函数，在下拉列表中选择计算脚本→设置变量，如图 8-66 所示。

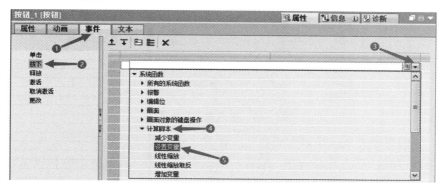

图 8-66　添加函数

选择设置变量→变量（输出），选择 HMI_1 变量启动，如图 8-67 所示。

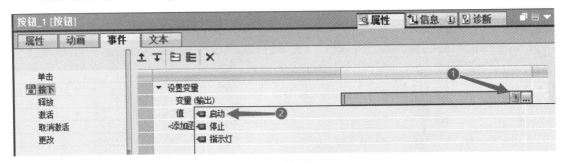

图 8-67　设置变量

设置启动变量的值为 1，表示启动电动机，如图 8-68 所示。

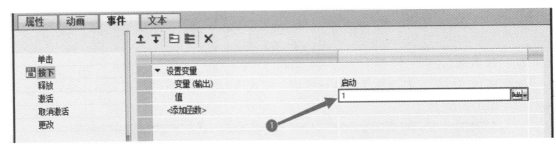

图 8-68　设置变量数值

释放设置与按下类似，启动变量的值设为 0，触点返回。

3) 指示灯设置

选择圆形图标，右击选择属性→动画→外观，HMI 变量选择指示灯，其值为 0，对应颜色为灰，表示停止状态；值为 1 对应颜色为绿，表示启动状态，如图 8-69 所示。

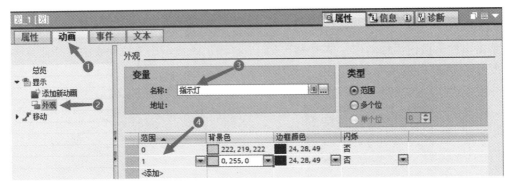

图 8-69　设置指示灯变量

至此，界面组态完成。工具箱中有很多部件，还有报警、用户管理、配方和趋势视图等功能，可以根据自己的需求选择、配置，实现更多功能，具体的组态和调试方法可以参考其他相关资料。

# 课 后 习 题

1. S7-1200 PLC 的 CPU 模块将 _____、_____、_____ 内置 PROFINET、高速运动控制 I/O 端口以及板载模拟量输入组合到一个设计紧凑的外壳中。

2. 输入 / 输出简称 _____ 模块,它们是系统的"眼""耳""手""脚",是联系外围设备和 CPU 模块的桥梁。

3. _____ 模块用来控制接触器、电磁阀、指示灯、数字显示装置和报警装置等输出设备,_____ 模块用来控制调节阀、变频器等执行装置。

4. 位于 CPU 1215C 模块中部左侧的 3 个 LED 灯 _____、_____、_____ 用于显示 CPU 所处的运行状态。

5. S7-1200 PLC 模拟量模块提供的转换分辨率有 _____ 和 _____ 两种。

6. 以 CPU 1214 C 为例,S7-1200 PLC 的接线方式有两种,分别为 _____ 型和 _____ 型。

7. S7-1200 PLC 的硬件系统主要包括哪些组成部件?

8. 信号模块主要有哪些?

9. S7-1200 PLC CPU 本体最大 I/O 扩展能力取决于哪些因素?

10. CPU 主机扩展配置时应考虑哪些因素? I/O 是如何编制的?

11. 总结 S7-1200 PLC 通过信号板和信号模块进行扩展时的区别。

12. 简要介绍 TIA 博途软件,它的软件架构主要包含哪些软件?

13. 怎样设置才能在打开 TIA 博途软件时用项目视图打开最近的项目?

14. HMI 的项目库中的类型有哪 3 种?

15. 什么是 MAC 和 IP 地址? 子网掩码有什么作用? 如何设置 IP 地址和子网掩码?

16. 怎样组态 CPU 的 PROFINET 接口?

17. 计算机与 S7- 1200 PLC 通信时,怎样设置网卡的 IP 地址和子网掩码?

18. 梯形图中逻辑运算是按 _____、_____ 的顺序进行的。

19. S7-1200 PLC 中使用 _____、_____、_____ 这 3 种编程语言。

20. Q3.5 是输出字节 _____ 的第 _____ 位。

21. 梯形图由 _____、_____ 和 _____ 表示的指令框组成。

22. ROFIBUS 提供几种通信协议,分别是什么?

23. PROFINET 可以提供哪些通信服务?

24. S7-1200 PLC 与其他设备通信有哪几种方式?

25. Modbus 串行链路协议有什么特点?

26. UDP 协议通信有什么特点?

27. USS 协议通信有什么特点?

28. S7-1200 PLC CPU 的 PROFINET 通信口支持哪些通信协议及服务?

29. 简述 S7-1200 PLC 与编程设备之间通信的组态过程。

30. 简述 S7-1200 PLC 之间通信的组态和编码过程。

31. 什么是人机界面？

32. 触摸屏的优点是什么？

33. 列举几个市场上常见的触摸屏。

34. 人机界面的内部变量和外部变量各有什么特点？

35. 组态时怎样建立 PLC 与 HMI 之间的 HMI 连接？

36. 在画面上组态一个指示灯，并用它来显示 PLC 中 00.0 的状态。

37. 在画面上组态两个按钮，分别用来将 PLC 中的 00.0 置位和复位。

38. 在画面上组态一个输入 / 输出域，用 5 位整数格式显示 PLC 中 MW10 的值。

39. 怎样组态具有点动功能的按钮？

40. 实现 S7-1200 PLC CPU 与 HMI 的以太网通信需要哪些操作？

# 参 考 文 献

[1]　张军，胡学林. 可编程控制器原理及应用机器学习及其应用 [M]. 北京：电子工业出版社，2019.

[2]　菲尼克斯电气中国公司. PC WorX 基础课程 [Z]. 南京：菲尼克斯电气中国公司，2018.

[3]　菲尼克斯电气中国公司. PLCnext Step by Step[Z]. 南京：菲尼克斯电气中国公司，2021.

[4]　菲尼克斯电气中国公司. PLCnext Basic[Z]. 南京：菲尼克斯电气中国公司，2021.

[5]　黄永红. 电气控制与 PLC 应用技术 [M]. 北京：机械工业出版社，2019.

[6]　武丽. 电气控制与 PLC 应用技术 [M]. 北京：机械工业出版社，2020.

[7]　廖常初. S7-1200/1500PLC 应用技术 [M]. 北京：机械工业出版社，2017.

[8]　陈建明，王成凤. 电气控制与 PLC 应用：基于 S7-1200PLC[M]. 北京：电子工业出版社，2020.

[9]　许强. 电气控制与 PLC 应用 [M]. 北京：理工大学出版社，2022.

[10]　郭荣祥. 电气控制及 PLC 应用技术 [M]. 北京：电子工业出版社出版，2019.

[11]　牛云陞. 电气控制技术 [M]. 北京：北京邮电大学出版社，2018.